● 禾谷类杂粮绿色高效生产技术系列丛书

青稞绿色高效生产技术

姚有华　主编

李顺国
夏雪岩　丛书主编
刘　猛

中国农业科学技术出版社

图书在版编目（CIP）数据

青稞绿色高效生产技术 / 姚有华主编 . -- 北京：中国农业科学技术出版社，2023.5

（禾谷类杂粮绿色高效生产技术系列丛书 / 李顺国，夏雪岩，刘猛主编）

ISBN 978-7-5116-6133-3

Ⅰ.①青… Ⅱ.①姚… Ⅲ.①元麦－高产栽培－无污染技术 Ⅳ.① S512.3

中国版本图书馆 CIP 数据核字（2022）第 246675 号

责任编辑　朱　绯
责任校对　马广洋
责任印制　姜义伟　王思文

出 版 者　中国农业科学技术出版社
　　　　　北京市中关村南大街 12 号　　邮编：100081
电　　话　（010）82109707（编辑室）　（010）82109702（发行部）
　　　　　（010）82109702（读者服务部）
传　　真　（010）82109707
网　　址　https:// castp.caas.cn
经 销 者　各地新华书店
印 刷 者　北京科信印刷有限公司
开　　本　170 mm×240 mm　1/16
印　　张　3.25
字　　数　55 千字
版　　次　2023 年 5 月第 1 版　2023 年 5 月第 1 次印刷
定　　价　28.00 元

《青稞绿色高效生产技术》
分册编委会

主　编　姚有华　青海大学农林科学院（青海省农林科学院）

副主编　吴昆仑　青海大学农林科学院（青海省农林科学院）

　　　　　姚晓华　青海大学农林科学院（青海省农林科学院）

　　　　　刘　猛　河北省农林科学院谷子研究所

　　　　　李顺国　河北省农林科学院谷子研究所

其他编者（按姓氏拼音排序）：

　　　　　安立昆　青海大学农林科学院（青海省农林科学院）

　　　　　白羿雄　青海大学农林科学院（青海省农林科学院）

　　　　　崔永梅　青海大学农林科学院（青海省农林科学院）

　　　　　李　新　青海大学农林科学院（青海省农林科学院）

前 言
PREFACE

谷子、高粱、青稞等禾本科杂粮作物，具有抗旱耐瘠、营养丰富、粮饲兼用等特点，种植历史悠久，是我国东北、华北、西北、西南等地区重要的传统粮食作物，且在饲用、酿酒、特色食品加工等方面具有独特优势，在保障区域粮食安全、丰富饮食文化中发挥着重要作用。为加强政府、社会大众、企业对谷子、高粱等旱地小粒谷物的重视，联合国粮农组织将2023年确定为国际小米年，致力于充分发掘小米的巨大潜力，让价格合理的小米食物为改善小农生计、实现可持续发展、促进生物多样性、保障粮食安全和营养供给发挥更大作用。

当前，注重膳食营养搭配，从粗到细再到粗，数量从少到多再到少；主食越来越不"主"、副食越来越不"副"，从"吃得饱"到"吃得好"再到"吃得健康"，标志着我国人民生活水平不断提高，顺应人民群众食物结构变化趋势。让杂粮丰富餐桌，让人们吃得更好、吃得更健康，是树立"大食物观"的出发点和落脚点。2022年12月召开的中央农村工作会议提出，要实施新一轮千亿斤粮食产能提升行动。随着科技的进步和农业规模化生产的发展，我国粮食保持多年稳产增产，主要粮食产地的主粮作物产量已经接近上限，增产难度不断加大。相比主产区、主粮，我国还有大量的其他类型土地，以及丰富的杂粮作物品种。谷子、高粱等禾谷类杂粮曾是我国的主粮，由于栽培烦琐、不适合机械化以及消费习惯等原因，逐步沦为杂粮。随着科技进步，科研人员培育出了适合机械化收获的矮秆谷子、高粱新品种，配套精量播种机、联合收获机，实现了全程机械化生产。禾谷类杂粮实际产量与潜在产量之间存在着"产量差"，增产潜力巨大。例如，谷子目前全国单产为200千克/亩（1亩≈667米^2，15亩=1公顷），高产纪录为843千克/亩。在我国干旱、半干旱区域以及盐碱地等边际土地充分挖掘禾谷类杂粮增产潜力，通过品种、土壤、肥料、农机、管理等农机农艺结合、良种良法配套增加边际土地粮食产量，完全能够为我国千亿斤粮食产能提升行动作出新贡献。中央农村工作会议再一次重申构建多元化食物供给体系，也表明要更多关注主粮之外的食物来源。我国干旱半干旱、季节性休耕、盐碱边际土地等适宜种植杂粮，比较优势明显的区域有 7 000 万公顷以上。杂粮的生态属性、营养特性和厚重的农耕文化必将在乡村振兴战略、健康中国战略新的时代背景下焕发出新生机并衍生出新业态。

随着我国人民生活水平的不断提高，对杂粮优质专用品种的需求日益迫切，并随着农业生产方式的转型，传统耕种方式已经不能适应现代绿色高质高效的生产需要。针对这一问题，国家重点研发专项"禾谷类杂粮提质增效品种筛选及配套栽培技术"以突破谷子、高粱、青稞优质专用品种筛选和绿色优质高效栽培技术为目标，在解析光温水土与栽培措施对品种影响机制及其调控途径的重大科学问题基础上，紧密围绕当前生产中急需攻克的关键技术问题，即品种适应性评价与品种布局技术、优质专用品种筛选以及配套绿色栽培技术，重点开展了①禾谷类杂粮作物品种生态适应性评价与布局；②禾谷类杂粮品种—环境栽培措施的互作关系及其机理；③禾谷类杂粮增产与资源利用潜力挖掘；④禾谷类杂粮优质专用高产高效品种筛选；⑤禾谷类杂粮高效绿色栽培技术等五方面的研究。

本丛书为国家重点研发专项"禾谷类杂粮提质增效品种筛选及配套栽培技术（2019—2022 年）"项目成果，全面介绍了谷子、高粱、青稞等禾谷类杂粮的突出特点、消费与贸易、加工与流通、产区分布、产业现状、生长发育、生态区划、优质专用品种以及各区域全环节绿色高效生产技术，科普禾谷类杂粮知识，为新型经营主体介绍优质专用新品种及配套优质高效生产技术，从而提升我国优质专用禾谷类杂粮生产能力，适于农业技术推广人员、新型经营主体管理人员、广大农民阅读参考。丛书分为《禾谷类杂粮产业现状与发展趋势》《谷子绿色高效生产技术》《高粱绿色高效生产技术》《青稞绿色高效生产技术》4 个分册，得到了国家谷子高粱产业技术体系等项目的支持。

由于时间仓促，不足之处在所难免，恳请各位专家、学者、同人以及产业界朋友批评指正。

李顺国

2023 年 2 月 2 日

目 录
CONTENTS

第一章　青稞生长发育图解 ···························1

第一节　青稞的形态特征 ·····················1
第二节　青稞生长发育期 ·····················8
第三节　青稞器官的生长与形成 ···············11

第二章　青稞产区生态类型 ·······················20

第三章　青藏高原青稞分布及主推品种 ···········23

第一节　青藏高原青稞栽培历史 ···············23
第二节　青藏高原青稞分布 ···················24
第三节　青藏高原青稞品种类型 ···············25
第四节　青藏高原青稞主推品种 ···············28

第四章　青稞绿色高效栽培技术 ·················33

参考文献 ·······································41

第一章　青稞生长发育图解

第一节　青稞的形态特征

青稞（*Hordeum vulgare* L. var. *nudum* Hook. f.），属禾本科大麦属，在植物学上属于栽培大麦的变种，因其籽粒内外稃与颖果分离，籽粒裸露，故称裸大麦，在青藏高原地区称为青稞。在分类学上，现有的栽培青稞都属于禾本科大麦属（*Hordeum* L.），栽培大麦种（*Hordeun sativum* Jessen）、多棱大麦亚种（*Hordeun valgare* L.）还被定为裸粒大麦变种（*Hordeun valgare* var. *nudum* HK.）。青稞属一年生草本植物，高 70~110 厘米。茎秆直立，光滑无毛；叶鞘无毛，有时基生叶的叶鞘疏生柔毛，叶鞘先端两侧具弯曲沟状的叶耳；叶舌小，长 1~2 毫米，膜质；叶片扁平，长披针形，长 8~18 厘米，宽 6~10 毫米，叶面较为粗糙，叶背面较平滑；穗状花序，长 4~10 厘米，分为若干节，每节着生 3 枚完全发育的小穗，小穗长约 2 厘米，通常无柄，每小穗有花 1 朵，内外颖均为线形或线状披针形，先端延长成短芒，长 8~14 毫米；外稃长圆状披针形，光滑，具 5 条纵脉，中脉延长成长芒，极粗糙，长 8~13 厘米，外稃与内稃等长；雄蕊 3 枚；子房 1 枚，花柱分为 2 枚，花期 3—4 月。按照青稞营养器官和生殖器官的着生部位、生理生化特性、生长发育规律及其功能与作用分别描述。

一、根

青稞的根系属须根系，按着生部位、时间和作用划分，可分为初生根和次生根。初生根由种子的胚长出，有 5~10 条不等，一般 6~7 条的居多，初生根数目

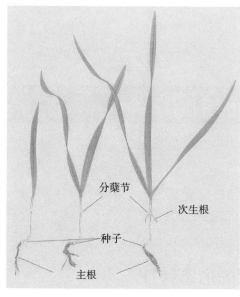

图 1-1　青稞根系形态特征
（引自西藏高原作物栽培学　王建林主编）

多少常与品种以及种子大小和种子活力密切相关。中胚轴是从种子的胚部与初生根长出方向相反的另一端长出的，它从种子萌发连接到分蘖节，中胚轴的长度因播种深度的不同而有较大的差异。初生根在幼苗期从种子发芽到青稞根群形成前，起着吸收和供给幼苗生长所需营养的重要作用。次生根没有一定数目，所以又称为不定根，但常与品种特性和土壤含水量、土壤养分状况有着密切的关系。次生根由离表土 2~3 厘米深处的分蘖节周围长出，比初生根长且多，弯曲分枝，可从一级根上发生二级根，再由二级根发生出三级根，盘根错节的侧根形成庞大的须根系统，集中分布于 10~30 厘米耕作层，它在青稞生长的大部分时间内起着吸收供给营养、支撑固定植株的重要作用。在次生根上往往长出许多根毛，根毛是根的表皮细胞产生的突起物，长 1~3 毫米，作用是吸收水分和营养物质，供给地上部分（图 1-1）。

二、茎

青稞茎具有运输水分、矿物质，制造和储存营养物质，支持植株和叶片生长的功能，对最终形成产量有着重要的意义。青稞茎直立，空心，包括主茎和分蘖茎，由若干节和节间组成，地上部分有 4~8 个节间，一般品种 5 个节间，矮秆品种一般 3 个节间，茎基部的节间短，愈往上则节间愈长（图 1-2）。茎的高度（株高）一般为 80~120 厘米，矮秆品种株高 60~90 厘米。茎的直径 2~5 毫米。茎节可分为地下茎节和地上茎节，地下茎一般有 7~10 个不生长的节间，密集在一起，形成分蘖节。地上茎通常有 4~7 个明显伸长的节间，形成茎秆。一般基部节短，愈上则愈长，以 5 个节间的青稞植株为例，从基部往上计算，每个节的长度分别占植株总高度的 3%~10%、10%~15%、15%~20%、20%~25%、30%~40%。分蘖节也是茎的一部分，在土表下 2 厘米左右的深处，但节间甚短。茎的高度一般为 90~110 厘米，矮秆品种为 70~80 厘米，高秆品种可达 120 厘米，甚至更高。青稞茎秆节间外层为表皮细胞，细胞壁完全木质化，表皮细胞内面是一层纤维细胞，也高度木质化。外环维管束分布在纤维细胞层中间，每一维管束向外一侧的纤维细胞已被含有叶绿素的薄壁组织细胞所代替。这些细胞与表皮细胞紧密相连，可于茎外见到绿色的线条。纤维细胞层内面是薄壁组织，包括在生长后期木质化的大细胞。在这种组织中，可以见到内环维管束，内环维管束比外环纤维管束大，数量也

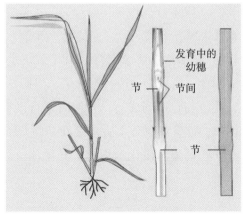

图 1-2　青稞茎秆形态特征
（引自《西藏高原作物栽培学》，王建林主编）

多，每一维管束都被木质化了的厚壁纤维细胞包围。茎内部其余部分是一些大的纹孔导管，分散在许多小薄壁组织细胞间，围绕中部导管的是一些小细胞组成的薄壁组织，一般不木质化，由中央组织所形成的大空腔位于整个茎秆节间的中央。青稞的茎秆空腔特别大，这是青稞茎秆柔软而缺乏韧性的主要原因。在谷类作物中，青稞的抗倒伏力较差的原因就是因为青稞茎秆空腔大、茎秆柔软且缺乏韧性。这也是青稞育种工作者面临的一个十分重要的课题。

三、叶

与其他麦类作物比较，青稞的叶片厚而宽，颜色一般较淡，冬性品种和一些丰产品种，叶色较浓绿。叶除具有同化、呼吸和蒸发作用外，还有保护茎秆和幼穗的作用。青稞的叶根据形态与功能分为完全叶、不完全叶和变态叶。完全叶由叶片、叶鞘、叶舌、叶耳等部分组成。不完全叶是指膜状鞘，呈筒状，顶端有裂隙，一般不含叶绿素，不能进行光合作用，如胚芽鞘和分蘖鞘。变态叶包括颖壳（护颖、内外颖）、芒和盾片（内子叶）以及幼穗分化时出现的苞原基等。青稞叶着生在茎节上，叶片较小麦的叶片大，一般长 15~20 厘米，宽 8~22 毫米，由基部向上逐渐狭窄，顶端尖形。叶片中间有一条明显的中心叶脉，两边各有 10~12 条叶脉，与中心叶脉平行。叶片的横切面似"V"形。叶鞘由茎节长出，包裹着茎秆。叶鞘的表皮一般是光滑的，但一般冬性品种具有茸毛。在抽穗期，叶鞘表皮分泌出蜡质而呈粉灰色。叶舌在叶片和叶鞘连接处，是一个半透明的、边缘不规则的薄膜，紧贴着茎秆。叶耳比其他谷类作物的叶耳肥大，呈新月形，环抱着

茎秆。基部第一叶与其他叶完全不同，宽而短、叶端钝，叶耳退化，衰老较快。旗叶很像基部第一叶，但比第一叶小，叶端尖。旗叶叶鞘特别发达，它起着保护幼穗的作用。在显微镜下，叶下表皮是光滑的，上表皮呈沟槽状，每一叶脉是一条棱脊，相当于一棱状维管束，沟槽基部的细胞比其他部位的细胞大（图1-3）。气孔沿叶脉排列成行，行间有几行没有气孔的细胞。叶的维管束与茎的维管束相似，维管束层到下表皮之间是厚壁组织细胞群。在维管束上部与上表皮之间，有一些稍为木质化的细胞，其他部位是由含叶绿素细胞组成的排列整齐的薄壁组织。

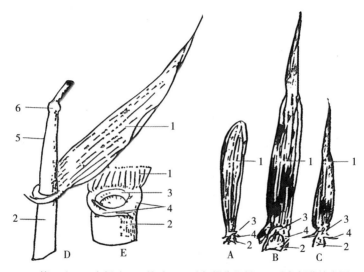

A.第一叶　B.中部叶　C.旗叶　D.叶与部分茎秆　E.叶各部分放大图
1.叶片　2.叶鞘　3.叶舌　4.叶耳　5.茎秆　6.叶节
图1-3　青稞的叶及类型
（引自《西藏高原作物栽培学》，王建林主编）

四、花序和花

花是形成青稞籽粒的重要器官。青稞的花序为穗状花序，筒形，小穗着生在扁平的"Z"形的穗轴上。穗轴通常由15~20个节片相连组成，每个节片弯曲处的隆起部分并列着生3个小穗，成三联小穗，每个小穗基部外面有2片护颖，是重要的分类性状。护颖细而长，不同品种的护颖宽度、茸毛和锯齿都是不同的，大多数变种的护颖狭窄，退化为刺状物。每个小穗仅有1朵无柄小花，每个小穗也具有小穗轴，连接在每一穗轴节片的顶端处，已退化为刺状物，并着生茸毛，

称为基刺。基刺的长短和茸毛的多少、疏密，是品种分类的重要依据。小花有内
颖和外颖各 1 片，外颖是凸形，比较宽圆，从侧面包围颖果，颖端多有芒。内颖
呈钝的龙骨形，一般较薄。小花内着生 3 个雄蕊和 1 个雌蕊，雌蕊具有二叉羽毛
状柱头和一个子房。在子房与外颖之间的基部有 2 片浆片。青稞开花是由浆片细
胞吸水膨胀推开外颖而实现的。一个穗由若干小穗组成，每个小穗只是一个单
花。花为两性花，由 2 个护颖、1 个内颖、1 个外颖、2 个鳞片、3 个雄蕊和 1 个
雌蕊所组成。青稞的花除具有一般禾谷类作物的花所具有的结构外，其主要特
点具有：一是每小穗只有一个单花，3 个小穗聚生在一个穗轴节上，成为三联小
穗。二是小穗梗和花梗完全退化，颖果被内外颖包被着，直接着生在穗轴节上。
三是小穗轴很细小，紧紧贴附在内颖的腹沟内（图 1-4）。

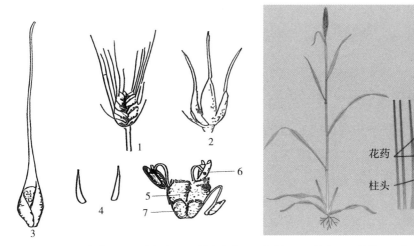

1.花序 2.三联小穗 3. 单个小穗 4.内外颖 5.雌蕊 6.雄蕊 7.浆片

图 1-4 青稞的花及花序

（引自《西藏高原作物栽培学》，王建林主编）

五、穗轴

茎和穗的连接处有一个环状突起部分称为穗托。穗托在不同品种中有闭合和
不同程度开裂等状态，大多数品种是闭合的。穗轴第一节片稍带弯曲，其弯曲度
因品种不同而有较大的差异。在穗托边缘和第一节片间通常有一组发育不全的小
穗。穗轴节片的数量因品种和栽培条件的不同而具有较大的差别。一般品种在
30 节片以下，个别品种有 35 节片的。节片的上端较厚，显得穗轴节向外突出，

节片间连接处彼此重叠，使整个穗轴呈阶梯状"弓"字形。

六、小穗

同一轴节上的每个穗形状各不相同，中间小穗完全正常，两侧小穗则呈两个方向相反的弯弓形。小穗基部有两个护颖，位于外侧的两边，直接着生在穗轴上，宽约1毫米，顶端有细芒。外颖是一个具有双脊的披针形苞片，背面有5条脉，顶端一般有长芒，少数具短芒、三叉状钩芒、花芒或无芒。芒除具有保护功能外，还具有光合作用和蒸发作用。芒的光合作用在增加产量上有重要意义。据相关资料报道，在抽穗期，长芒青稞剪去芒的比未剪去芒的千粒重降低20%，芒和花器一样，都由叶变态而来。所以在青稞芒上曾发现过颖壳和雄、雌蕊花器的产生，但少有结实的。内颖有3条脉，顶端钝形无芒，靠穗轴部分有一深沟，沟里紧贴着一个小穗轴，小穗轴长短不同，但少有超过籽粒的一半长度，一般具有长或短的茸毛。小穗轴及其茸毛的长短，是鉴别种系和品种的标志。

七、鳞片

在内外颖里面靠近子房的基部有两个鳞片。鳞片吸水膨胀，有促使花颖开放的功能。青稞一般属于小鳞片类型，膨胀能力小，不能使花颖张开，所以多数是闭合花颖授粉。即使是大鳞片，也因生理机制仍闭合花颖授粉。

八、雄蕊

雄蕊由花药和花丝两部分构成，花药长2~3毫米，由两个间隔或室构成，它的中间部分连接花丝。花药里面包藏着许多花粉。花粉圆形，具有平滑的内壁和外壁。

九、雌蕊

雌蕊由柱头和子房构成。柱头由两个心皮连接而成，呈两个羽毛状，具有带黏腺的茸毛。刺芒品种柱头茸毛多，光芒品种则少。子房一室，含有一个胚珠，有两层珠被，每一层珠被有两层细胞。外层珠被受精后消失，内层珠被后来成为外种皮，它与子房壁紧密接连，成为颖果的外表皮——果皮。

十、籽粒

青稞籽粒形状与小麦较为相似，但青稞籽粒顶端无冠毛，这是与小麦的主要区别。籽粒内颖基部一般有小穗梗退化后遗留下的痕迹——基刺或腹刺，紧贴籽粒腹沟部位。籽粒大小与不同类型品种小穗的排列位置和结实性不同有关，六棱青稞三联小穗均能结籽，发育大小均匀，籽粒细小而形状匀整；四棱青稞三联小穗均能结籽，中间小穗粒大，并紧贴穗轴，与两侧小穗在同一平面上，籽粒大小不匀整；二棱型只有中间小穗发育，粒重更明显。青稞的籽粒即果实，也叫颖果，是裸粒，与颖壳完全分离，一般长 6~9 毫米，宽 2~3 毫米，形状有纺锤形、椭圆形、菱形等；颜色有秆黄色、黄色、灰绿色、绿色、蓝色、红色、紫色及黑色等。籽粒含有两种色素：一是花青素，在酸性状态时为红色，在碱性状态时为蓝色；二是黑色素。籽粒所含色素的多少与色素存在的状态，决定着籽粒的颜色。籽粒的腹面有腹沟，背面的基部是胚，占籽粒的小部分（图 1-5）。在植物学上，青稞的种子为颖果，籽粒是裸粒，与颖壳完全分离。青稞籽粒是由受精后的整个子房发育而成的，在生产上青稞的果实即为种子（籽粒）。种子由胚、胚乳和皮层三部分组成。胚部没有外胚叶，胚中已分化的叶原基有 4 片，胚乳中淀粉含量多，面筋成分少，籽粒含淀粉 45%~70%，含蛋白质 8%~14%。

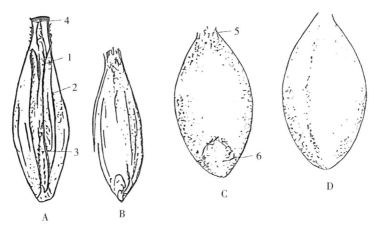

A.皮大麦带稃籽粒 B.皮大麦脱稃籽粒 C.青稞籽粒背面 D.青稞籽粒腹面

1.内稃 2.外稃 3.茎刺 4.茎基部 5.冠毛 6.胚

图 1-5 籽粒的形态

（引自《西藏高原作物栽培学》，王建林主编）

第二节　青稞生育期

一、青稞生育阶段

根据青稞器官形成和生育特点的不同，栽培上将青稞一生划分为营养生长、营养与生殖并进生长和生殖生长 3 个生育阶段（图 1-6）。

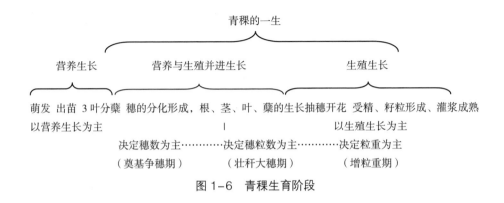

图 1-6　青稞生育阶段

营养生长自种子萌发至幼穗开始分化之前，完成生根、长叶和分蘖。营养和生殖并进生长阶段是自幼穗分化至抽穗，主要完成幼穗分化发育与根、茎、叶、蘖的伸长生长。生殖生长阶段是抽穗至成熟，为籽粒形成和灌浆成熟的阶段。这 3 个阶段分别是青稞穗数、穗粒数和粒重的主要决定时期，各阶段是相互联系的，但生长中心不同，栽培管理的主攻方向也不一样。

二、青稞的生育时期

人们常根据器官形成的顺序和明显的外部特征，将青稞的一生划分为若干生育时期。通常将青稞生育过程划分为以下 8 个时期。

出苗期　目测田间有 50% 以上幼苗的第 1 片真叶露出地表 2~3 厘米时被称为出苗，田间有 50% 以上麦苗达到标准的时间，为该田块的出苗期，在播种后 15~20 天出苗。田间 50% 以上的麦苗，其主茎第 3 片绿叶伸出 2 厘米左右的时间，被称为 3 叶期。青稞播种后，胚芽鞘伸出地面遇到光之后则停止生长，第 1

片叶子从胚芽鞘顶端伸出；3 叶期之后开始分蘖，主根系开始生长，分蘖节形成，不断分化出叶片、蘖芽和次生根。

分蘖期 指田间有 50% 以上的植株第 1 个分蘖露出叶鞘 2 厘米左右时，被称为分蘖期。青稞分蘖可分为 3 个阶段，分别为分蘖初期、分蘖盛期、分蘖末期。① 分蘖初期：分蘖发生于分蘖节上，分蘖的第一叶为不完全叶（蘖鞘），起保护作用，分蘖一般起始于 3 叶 1 心期，于第一片叶的基部发生，主根系开始发育；② 分蘖盛期：幼苗主茎出现第 4 叶时，第 1 叶的叶腋部位分化出第 1 分蘖，以后主茎每出现 1 片叶，沿主茎出蘖节位由下向上顺序分化出各个分蘖，出蘖位与主茎出叶数呈 $n{\sim}3$ 的对应关系。每个分蘖伸出 3 片叶时，也像主茎一样长出第一个次级分蘖，其后继续长出更多的次级分蘖；③ 分蘖末期：分蘖开始分化，当幼穗发育到二棱期时，分蘖停止分化，基因型和环境条件共同决定分蘖的多少，当分蘖长至 3 片叶之后，生长将不再依赖主茎。

拔节期 手摸或目测田间有 50% 植株的主茎部第 1 节间露出地面 1.5~2 厘米时，被称为拔节期，是小麦营养生长和生殖生长并进的时期，初期为营养生长，后期将进入生殖生长。拔节期可分为 5 个阶段，依次为叶鞘直立、第一个地上节出现、第二个地上节出现、旗叶出现和旗叶叶舌可见。① 叶鞘直立阶段：假茎直立，叶鞘不断生长，幼穗中最后一个小穗分化完成，小穗的数目不再增加，第一个中空茎形成，长度大约 1.5 厘米；② 第一个地上节出现阶段：节间的伸长导致第一个地上节出现，不同的节堆叠在一起，茎秆节间的伸长始于穗分化的二棱期至小花分化期，按节位自下而上顺序伸长；③ 第二个地上节出现阶段：倒二叶显露；④ 旗叶出现阶段：旗叶从第 3 或第 4 节上露出，初期呈锥状，称为心叶，心叶继续生长并逐渐展开定型；⑤ 旗叶叶舌可见阶段：旗叶完全抽出。

孕穗期 目测田间有 50% 植株开始打苞，旗叶正式从叶鞘中抽出，包裹着幼穗的部位明显膨大，茎秆中上部呈纺锤形，田间一半以上麦穗出现此类现象时，被称为孕穗期。孕穗期幼穗包裹在叶鞘中，并逐渐发育变大，旗叶的叶鞘和穗轴不断伸长。

抽穗期 目测田间有 50% 植株的麦穗顶部小穗（不连芒）露出旗叶的时期或叶鞘中上部裂开见小穗的时期；密穗类型品种的麦穗不一定自叶鞘顶端伸出，可按其叶鞘侧面露出半个穗的时期。抽穗初期麦穗由叶鞘露出叶长的 1/2，抽穗末期穗子全部露出。

开花期　目测田间有 50% 麦穗中上部小花的内外颖张开，花药散粉时，为开花期。青稞开花顺序先是中部开花，其次是上部和下部。穗子全部抽出后 3~5 天进入开花阶段，中部穗子发育较快，先开花和授粉。

灌浆期　在开花后 10 天左右，青稞进入灌浆期，营养物质迅速运往籽粒并累积起来，籽粒开始沉积淀粉、胚乳呈炼乳状。灌浆期可分为 4 个阶段，即水分增长期、乳熟期、面团期和蜡熟期。① 水分增长期：为授粉 10 天左右，籽粒的长度固定，籽粒迅速增大，含水量迅速增加，可超过 70%；② 乳熟期：麦穗籽粒已形成，并接近正常大小，淡绿色，内部充满乳浆，历时 12~18 天，"多半仁"后籽粒长度先达到最大，然后宽度和厚度明显增加，至开花后 20 天左右达到最大值（"顶满仓"）。随着体积的不断增长，胚乳细胞中开始沉积淀粉，干物重迅速增加，千粒重增长迅速，这是籽粒增重的主要时期，籽粒的绝对含水量比较稳定，但含水率则由于干物质的不断积累由 70% 逐渐下降到 45% 左右，茎叶等营养器官贮藏养分向籽粒中转运，籽粒外部颜色由灰绿变鲜绿再至绿黄色，表面有光泽，胚乳由清乳状到乳状；③ 面团期：历时约 3 天，含水量下降为 38%~40%，干物重增加转慢，籽粒表面由绿黄色变成黄绿色，失去光泽，胚乳呈面筋状，体积开始缩减，灌浆接近停止；④ 蜡熟期：在籽粒成熟的过程中，籽粒的含水量下降为 30% 以下，麦粒大小和颜色接近正常，内呈蜡质状，且易被指甲划破，腹沟尚带绿色。

成熟期　胚乳呈蜡状，籽粒开始变硬，籽粒含水量下降至 15%，籽粒大小定形、颜色正常、变硬、植株茎秆除上部 2~3 节茎节外，其余全部呈黄色。

三、青稞的阶段发育

目前我国栽培的青稞品种，绝大多数属于春性品种。在海拔较低的冬作地区叫作"冬青稞"的品种，大多数也是春性品种，冬性品种较少。春性品种通过春化阶段所需时间很短，在温度 2~5℃时只要 5~10 天就能通过；早熟品种只需要5 天；冬性品种在 0~2℃时，通过春化阶段需要 20~50 天。

青稞是长日照作物。在高原地区，青稞的分蘖至拔节期，每天光照为 12~14 小时，5~10 天即可通过光照阶段。当青稞第 3 片真叶开始出现时，标志着春化阶段已经结束，光照阶段开始，青稞的穗原始生长锥开始伸长。当植株外部出现6~7 片叶片时，青稞穗分化已进入雌雄蕊分化期，茎下部第一节间开始伸长，标志着光照阶段的结束。一些品种在低纬度（26° N）地区，每天光照短于 12 小时条件下，则因不能通过光照阶段而出现不能抽穗的现象。

对于穗圆锥体青稞生长而言，在光照阶段结束前生长越旺盛，小穗数形成越多，为青稞穗大粒多奠定了充足的营养物质。在光照阶段结束后，青稞的小穗数不再增加，但对促进籽粒饱满十分有利。在光照阶段，水分不足会使穗部发育受阻；光照结束时，水分不足会引起花器不全。所以，在光照阶段和结束时，水肥条件非常重要。

第三节　青稞器官的生长与形成

一、种子萌发与出苗

经过休眠期的青稞种子播种后，在土壤温度1℃以上、相对含水量为60%~80%、土壤空气充足时，即可萌动生长。首先根鞘开始膨胀，其次是芽鞘及幼茎开始发育。膨胀后的根鞘破裂，露出第一条幼根，第一条幼根长到1~2厘米以后就停止生长，其余各幼根长出，形成5~10个初生根继续生长。此时胚芽鞘尖端出现，长出幼芽。由芽鞘包着的幼芽往往沿胚乳表皮下生长，由种子的末端伸出。幼芽出土2~3厘米时芽鞘纵裂，露出第一片真叶，即为出苗。田间有50%以上麦苗达到标准的时间，为该田块的出苗期。在播种后15~20天出苗，田间50%以上的麦苗，其主茎第3片绿叶伸出2厘米左右的时间，称为3叶期。3叶期之后开始分蘖，主根系开始生长，分蘖节形成，可不断分化出叶片、蘖芽和次生根。青稞苗期在 -4~-3℃甚至在 -9~-6℃的低温条件也不致受冻；青稞生育期较短，一般仅为110~125天，所需 ≥ 0℃积温为 1 200~1 500℃。

二、根、茎及分蘖、叶的生长

1. 根系

一般青稞出苗约10天后进入3叶期，植株在地上部发生第一分蘖的同时，地下部分次生根开始从分蘖节长出，当地上部进入分蘖盛期时，根系形成过程也同期进入了盛期。一般青稞生长的土壤及其环境条件愈好，植株愈苗壮，次生根的根群数量也愈多，根系也就愈发达。在播种稍浅时，次生根的根群能更多地向水平方向发展。由次生根形成的根系，不仅能起到固定植株的作用，并能通过吸收土壤中的水分和营养物质供给植株，还对青稞整个生长期的生长发育起着重要作用。特别在干旱年份，那些深入土壤深处的次生根，能吸收土壤深处的水分供给地上部生长，对抵御旱灾起到至关重要的作用。

2. 茎

青稞的茎包括主茎和分蘖。

主茎 青稞茎的形成是从拔节期开始的。青稞的幼茎、节、节间穗原始体，早在分蘖时即已初具雏形。当主茎基部第一节间开始延长，主茎部第 1 节间露出地面 1.5~2 厘米时，用手摸或剥开后见到伸长 1~2 厘米，就可以确定此时已开始拔节。田间 50% 以上植株达到此状态，被称为拔节期。拔节首先是最前面的第一节间开始伸长，其次是第 2 节间，然后是第 3、第 4 节间伸长。地上茎节通常有 4~7 个明显伸长的节间，形成茎秆。一般基部节短，愈上则愈长，埋在土表下 2 厘米左右的深处，但其节间较短。

拔节时期因品种不同而有先后，一般出苗后 30~45 天进入拔节期。从分蘖盛期到拔节盛期，一般需 20~30 天，个别早熟品种只需 20 天，甚至更少。

地上茎伸长过程依次为：一是叶鞘直立阶段，假茎直立，叶鞘不断生长，幼穗中最后 1 个小穗分化完成，小穗的数目不再增加，第 1 个中空茎形成，长度大约 1.5 厘米。二是第 1 个地上节出现阶段，节间的伸长导致第 1 个地上节出现，不同的节堆叠在一起，茎秆节间的伸长始于穗分化的二棱期至小花分化期，按节位自下而上顺序伸长。三是第 2 个地上节出现阶段，倒 2 叶显露。四是旗叶出现阶段，旗叶从第 3 或第 4 节上分露出，初期呈锥状，称为心叶，心叶继续生长并逐渐展开定形。五是旗叶叶舌可见阶段，旗叶完全抽出。

分蘖 幼苗进入 3 叶期后，青稞从地下的分蘖节上开始萌发侧茎，并围绕单株幼苗发展成为多个茎枝，表面上出现丛生的过程即为分蘖。田间 50% 以上的麦苗，第 1 个分蘖露出叶鞘 2 厘米左右时，称为分蘖期。

分蘖节入土深度 2~4 厘米，一般以 3 厘米为最佳。播种太深，中胚轴是从种子的胚部与初生根长出方向相反的另一端长出的，形成地中茎，连接种子与分蘖节，并将分蘖节推到距地面 2~4 厘米的合适位置。地中茎消耗大量种子营养，导致青稞的有效分蘖减少，播种太浅，又影响青稞次生根的生长和入土深度，容易形成根倒伏。

青稞的分蘖力因品种、土壤肥力、单株营养面积和播种深度的不同而有较大差异。同一品种在同等土壤条件下的单株分蘖数与亩播种量有密切的关系。在其他条件相同的情况下，分蘖的多少常与播种的深浅有密切的关系，一般而言，播种浅的分蘖多，播种深的分蘖少。分蘖出现的时期与成穗的关系很大，早期分蘖成穗多，晚期分蘖成穗少。一般品种在出苗后 30 天以内出现的分蘖成穗率为 45%~60%，出苗后 37 天之后分蘖的成穗率只有 15%~20%。从播种期与分蘖成穗的关系研究分析，播种早的分蘖成穗多，反之则少。迪庆高原春作区 4 月 10 日播种的青稞分蘖成穗率一般为 70% 左右，5 月 20 日播种的分蘖成穗率一般很难突破 20%。土壤养分、水分充足，前期发生的分蘖多，后期发生的少。在肥力低的土地上，前期发生的分蘖少，而后期发生的分蘖多，但后期分蘖多不能成穗，为无效分蘖。

3. 叶

青稞叶包括基生叶和茎生叶。基生叶主要是拔节前生长出来的，主要功能期在苗期。茎生叶为伸长茎端上着生的叶，主要功能期在拔节以后。叶除具有同化、呼吸和蒸发作用外，还有保护茎秆和幼穗的作用。青稞的叶根据其形态与功能分为完全叶、不完全叶和变态叶。完全叶由叶片、叶鞘、叶舌、叶耳等部分组成。叶片的横切面似"V"形。叶鞘由茎节长出，包裹着茎秆。叶鞘的表皮一般是光滑的，但一般冬性品种具有茸毛。在抽穗期，叶鞘表皮分泌出蜡质而呈粉灰色。叶舌在叶片和叶鞘连接处，呈半透明、边缘不规则的薄膜状，紧贴着茎秆。叶耳比其他谷类作物肥大，呈新月形，环抱着茎秆。基部第 1 片叶与其他叶完全不同，宽而短、叶端钝，叶耳退化，衰老速度较快。旗叶很像基部第 1 片叶，但比第 1 片叶小，叶端尖。旗叶叶鞘特别发达，起着保护幼穗的作用。

三、穗的形成及生长

1. 穗原始体的分化

青稞穗原始体的分化，是在分蘖初期至拔节初期，即在出苗后 15~40 天进行的。出苗后 15~30 天，幼苗 4~6 片真叶时，为小穗原始体分化盛期；出苗后 30~40 天为小花及顶端小穗分化期；出苗后 40~50 天为结实器官形成期。穗分化各阶段及其与幼苗外部形态的关系如下（图 1-7）。

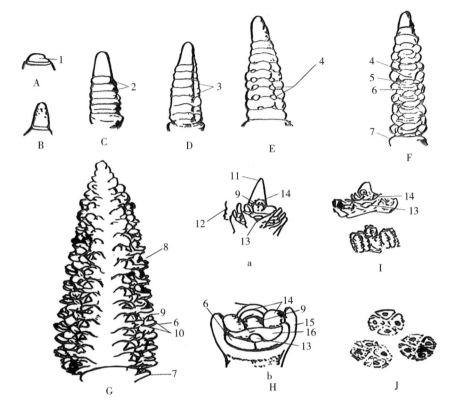

a.一个二棱大麦小穗，进一步分化为三联小穗　b.从穗轴旁观察发育的中央小花
A.初生期　B.伸长期　C.单棱期　D.二棱期　E.小穗原基分化期　F.护颖原基期
G.小花分化期　H.雌雄蕊分化期　I.药隔期　J.四分体期
1.生长点　2.单棱　3.侧生小花的二棱原基　4.护颖原基　5.小花原基　6.外颖　7.穗领
8.中央小花行　9.子房　10.浆片　11.芒　12.侧生小花　13.小穗轴　14.雄蕊　15.护颖　16.雌蕊
图1-7　幼穗分化过程
（引自《西藏高原作物栽培学》，王建林主编）

初生期　茎生长锥呈浅圆锥形，尚未伸长，长度小于宽度，在出苗后10~12天，外部形态为两个叶片，第三叶片刚出现。

生长锥伸长期　在出苗后13~15天，外部形态为第三个叶片形成完全叶，并出现第一分蘖。

单棱期　穗轴节原基开始分化，生长锥下部有环状痕迹出现，此时在出苗后16~18天，外部形态为4个叶片，第5叶片及第2分蘖刚出现。

二棱期　穗轴节原基初步形成，从正面观察出现许多环伏突起，侧面观察则两列突起，交互衔接，这是苞原始体，这个时期在出苗后23~26天，外部形态为 5 个叶片，2 个分蘖，第 6 叶片及第 1 分蘖的二次分蘖出现。

二棱末期 小穗原始体出现期，在穗轴中部的苞原始体上出现中间突起，这是中间列小穗原始体，中部先出现，然后在上部和下部出现，这个时期在出苗后26~28 天，外部形态为 6 个叶片，并继续分蘖。

小穗原始体形成期 随着中间列小穗原始体的形成，两侧列小穗原始体也接连很快形成。此时小穗数已基本定型，肉眼已能见到幼穗，在出苗后 28~30 天，外部形态为 6 个叶片，第 7 叶片开始出现，已有 4~5 个分蘖。

小花分化期 中部小穗原始体基部出现盘状的花颖原始体，两侧并有护颖突起出现，然后盘状突起的中央出现雌雄蕊原始体，小花的分化仍从穗中部先开始，然后穗上部和下部也随之分化，这个时期在出苗后 32~34 天，幼茎长 1 毫米，外部形态为 7 个叶片，分蘖已到末期，拔节刚开始。

雌雄蕊分化及形成期 先出现 3 个已能识别出花药的雄蕊及中间一个尚未分化的雌蕊突起。然后中部几个花颖的芒开始伸长。这时能看出营养不良的植株穗顶端 3~5 节小穗已停止分化，在出苗后 37~42 天，幼茎第 1 节开始伸长，长度 0.2~1.5 厘米，外部形态为拔节始期。至雄蕊大部形成，雌蕊顶端开始分裂为 2 个柱头，芒更伸长，能看出顶端营养不足的小穗已凋萎退化。此时在出苗后50~52 天，第 1、第 2 节间正在伸长，第 3 节间开始伸长，青稞生理上已进入孕穗期（图 1-7）。

在分蘖穗原始体分化各阶段中，第 1 分蘖较主穗迟 2~3 天，在主穗原始体分化不久，各分蘖穗几乎同时分化。各分蘖穗的分化程度，按分蘖次序相差不过1~2 天，即使还藏在叶腋中未出现，长仅 1 厘米的蘖芽，幼穗也开始分化。如黑六棱青稞的主穗到了小穗原始体形成期，其第 1、第 2 分蘖的小穗原始体已开始出现，第 3、第 4 分蘖及第 1 分蘖的第 1、第 2 次分蘖已达穗轴节原基形成末期；第 5 分蘖（蘖芽长 6 毫米尚在叶脉中）及第 2 分蘖的第 1、第 2 次分蘖（尚未出现）的穗轴节原基已接近形成。主穗的分化与最末分蘖穗的分化程度相差 7 天左右。由此可见，当主穗通过春化阶段时，分蘖穗也随之通过春化阶段。

2. 穗原始体分化速度与品种的关系

青稞穗分化过程的快慢，因品种不同而有较大的差异。早熟品种在出苗后 9天的 3 叶期已开始小穗分化（单棱期），经 6 天后，小穗原始体已经形成，中熟种白六棱青稞，在出苗后 16 天的分蘖期开始小穗的分化，经 13 天后，小穗原始体完全形成。

3.穗原始体分化速度与环境温度的关系

在气温高、灌溉条件好的地区，适当调节播种期，使穗在不太高的温度下分化，可以延缓穗器官发育过程，对形成大穗有利。但是，穗分化期温度过低，也会影响穗的结实和成熟。一般来说，春播青稞，穗分化期气温在 8~12℃较为适宜。温度过高，小穗原基分化过程显著缩短，每穗粒数减少。据报道，在青稞穗分化期，平均气温由 11.4℃升高到 14.9℃时，小穗原基分化过程由 29 天缩短为 18 天，每穗平均粒数由 34 粒减少到 31 粒。

四、结实和成熟

1.抽穗、开花和受精

抽穗 青稞的穗，在旗叶叶鞘内逐渐膨大，随着鞘管的伸长，包裹着幼穗的部位明显膨大，茎秆中上部呈纺锤形，叫作孕穗。田间一半以上麦穗出现此类现象时，称为孕穗期。最后穗突破鞘管从旗叶叶舌处抽出，叫作抽穗。抽穗后，穗每天向上伸长 0.7~1 厘米，最快 2 厘米，依气温情况而不同，气温高抽穗快，反之则慢。自穗顶出鞘至穗基部露出，全部抽出需 3~6 天。田间 50% 以上的麦穗顶部小穗（不连芒）露出旗叶的时期或叶鞘中上部裂开见小穗的时期为抽穗期。密穗类型品种的麦穗不一定自叶鞘顶端伸出，可按其叶鞘侧面露出半个穗的时期。抽穗初期麦穗由叶鞘露出叶长的 1/2，抽穗末期穗全部露出。

开花 当青稞的穗还藏在旗叶叶鞘内，穗顶端在叶舌下 6~10 厘米时，即抽穗前 3~4 天已经开始开花，而在穗完全抽出后 2~3 天终结。盛花期在抽穗前 1~2 天。也有少数青稞是在抽穗后才开始开花，但这种情况很少。单个青稞穗的开花，从开始到终结，需要 4~7 天，一般 5 天。一株青稞开花，从开始到终结，需要 13 天。青稞属闭颖授粉作物，柱头与花粉同时成熟，开花时内外颖是否开放因品种而异。常将开花时内外颖不张开，只是花丝伸长，花药破裂，散出花粉，授粉即告完成的称为闭颖式开花，如六棱大麦多属于此种方式。而将开花时内外颖张开，花丝伸长，花药露出的开花方式称为开颖式开花。

开花顺序 青稞开花的时间顺序一般按主穗→一级分蘖穗→二级分蘖穗→无效分蘖穗发生。穗部开花顺序为：由中部第 8~17 节开始，特别是 10~15 节的中间小穗先开始，然后由中间至两侧，由中到上，由上到下，以最小两节两侧小穗开花最迟。首先为主穗开花，其次为分蘖穗，按第 1、第 2 分蘖次序开花，再次为二次分蘖穗。当气温为 20~22℃、相对湿度为 70%~73% 时，开花最多；当气温在 20℃以下、相对湿度大于 75％ 时，则开花较少。但开颖式开花所占的比例，以在低温高湿的情况下最大。

授粉能力 青稞花粉的授粉能力，在采集后处于干燥状态下，一般能保存 24 小时，8 小时内授粉能力最强，48 小时以后即失去授粉能力。在一般室内条件下，授粉能力可保持 12 小时，24 小时以后即完全丧失授粉能力。具有授粉能力的花粉，都是有生活力的，但具有生活力的花粉，则不完全有授粉能力。青稞花粉的生活力在干燥条件下最多可以保持 11 天。在一般室内条件下，可以保持 7 天。柱头的授粉能力，在开花后 2~6 天最强，随后即逐渐降低，在开花后 6~10 天以后即失去授粉能力。

受精过程 青稞授粉时，花粉落在羽毛状的柱头上，由于柱头茸毛湿润而有黏液，花粉柱黏着在柱头上，经 1~2 小时开始发芽。发芽是从柔嫩的内膜长出突起开始，突破较硬的外壁，经由一层蜡状物所覆盖的眼孔向外伸出，形成花粉管。花粉管长入柱头组织内向下伸长，经过一条覆盖着茸毛的管道进入子房室，沿着胚珠外膜向前移动，直达珠孔。然后在胚珠细胞间隙中延伸，一直通到胚囊。花粉管的前端紧贴着胚囊的外表皮，前端薄膜破裂，将已在花粉管内形成的两个精子输入胚囊里，其中一个精子与卵细胞结合，形成胚，另一个精子与胚囊中央的两个极核结合，形成胚乳，受精即告完成。这种情况叫作双重受精。

2. 籽粒的形成

青稞受精后，子房室内开始了新的生命活动。胚囊着生在子房室内株柄上的胚珠内室。由于双重受精的结果，在胚囊内产生胚和胚乳，胚初步形成胚根、到芽鞘的胚芽和内子叶，胚乳是粉质状物质。由于内囊的增长，所有胚囊以外的物质被挤压成种皮，而后胚乳细胞内出现淀粉粒。只有胚乳外层的面筋质层不具淀粉粒。淀粉粒是在胚乳细胞的原生质内形成的。形成淀粉粒的初期物质是从子房内转运过来的，最初呈糖溶液状，到原生质中呈微小粒状，经逐渐增大将原生质挤压，最后整个细胞都充满了淀粉粒，空胞消失，原生质只剩下了位于淀粉粒间隙的一条狭长的中间层。如果淀粉粒间隙内全部充满了原生质，毫无空隙，则细胞在干后就呈透明状；如果淀粉粒间仍有充满空气的空隙，则细胞干后就成为不透明粉状物质。整个蛋白质组织是由一种全部玻璃状或全部粉状细胞所组成的，也有两种细胞混合组成的。胚乳外层——面筋质层的细胞壁较厚，它是沿着胚囊的内壁——蛋白质体组织的整个外围成长的。由于胚的

成长，面筋质层则被排挤到外面。在面筋质层的外面，是由子房壁形成的果皮。

概括地讲，青稞的籽粒是由粉质体或蛋白质体及外层面筋质层、胚、果皮和种皮组成的。

3.灌浆成熟

青稞是一种早熟作物，它的后期发育——抽穗至完熟，一般只需 50~60 天，比小麦提早约 20 天，其过程可分为以下几个阶段。

水分增长时期 授粉 10 天左右，籽粒的长度固定，籽粒迅速增大，含水量迅速增加，可达到 70% 甚至更高。

乳熟期 此时茎秆下部已变黄，上部仍为绿色，下部 1~2 节的叶片变黄，颖脊开始具有本品种固有颜色，旗叶、芒、颖壳和籽粒呈绿色，籽粒达到本品种的正常大小，籽粒内含有乳状质液，内部充满乳浆，或呈柔嫩带汁液的半固体，历时 12~18 天。乳熟期籽粒内部产生的变化主要是：胚乳细胞内淀粉粒的补充，胚的主要部位发育完成，但其生长尚未终止；籽粒已具有发芽功能，但不如成熟籽粒活力大，发芽时幼芽有时会扭曲成螺旋状。"多半仁"后籽粒长度先达到最大，然后宽度和厚度明显增加，至开花后 20 天左右达到最大值（"顶满仓"）。随着体积的不断增长，胚乳细胞中开始沉积淀粉，干物重迅速增加，千粒重增长迅速，是籽粒增重的主要时期。籽粒的绝对含水量比较稳定，但含水率则由于干物质的不断积累由 70% 逐渐下降到 45% 左右。茎叶等营养器官贮藏的养分向籽粒转运，籽粒外部颜色由灰绿变鲜绿再至绿黄色，表面有光泽，胚乳由清乳状到乳状。

面团期 历时约 3 天，含水量下降到 38%~40%，干物重增加转慢，籽粒表面由绿黄色变成黄绿色，失去光泽，胚乳呈面筋状，体积开始缩减，灌浆逐渐停止。

蜡熟期 茎秆全部变黄而有光泽，仍有韧性；叶全部转黄或干枯，叶鞘上部微带绿色，旗叶叶鞘及其下部一叶叶鞘尚为绿色，但已开始转黄；芒和颖均呈黄白色或本品种固有色泽；籽粒青黄色或本品种固有色泽，内部呈蜡质状，可以揉捏并能团成圆珠。这时籽粒的体积最大，原生质开始硬化，胚也不再增长。籽粒在成熟的过程中，含水量下降至 30% 以下，大小和颜色接近正常，内呈蜡质状，且易被指甲划破，腹沟尚带绿色。

完熟期 在气温高而干燥的情况下，只需几天就由蜡熟转为完熟。完熟时茎秆、叶、叶鞘全部干枯，有时仅旗叶有黄绿色；芒和颖均为干枯状，易碎断；籽粒干硬，但咬碎时不发出清脆音；籽粒已完全具有本品种固有的色泽，难以用指甲剥开。继续失水形成过熟，植株各部分全部干枯，颜色变暗呈污黄色或灰色；有色品种的颖芒也失掉本色；茎秆容易碎断；穗明显下垂，也易碎断，颖壳容易脱落；籽粒更加干硬，咬碎能发出清脆音。

从各小穗成熟顺序来看，乳熟及蜡熟由穗的中部小穗开始，但完熟则自穗下部第2~5节的两旁小穗先开始，由下到上依次成熟。凡营养充分的小穗，如中间一列的中部小穗，则成熟转迟。自乳熟至完熟，每一粒所经时间为29~33天，一般33天；一穗所经时间为35~55天，一般为46天；全株所经时间为50~60天，一般为55天。

徐文廷教授认为，一株或一穗整个成熟阶段——乳熟至完熟，并不等于各成熟阶段的总和。因为全株各穗和一穗的各粒各成熟阶段，都是互相交错的。在一般大田所观察到的蜡熟期，实际是指大多数植株的大多数穗和每穗的大多数籽粒进入蜡熟，其中一部分尚在乳熟阶段，而另一部分已进入完熟。从整体来看，乳熟后期即为蜡熟期，蜡熟后期即为完熟期。从各成熟阶段籽粒的性状分析得出，籽粒的鲜重、容积和体积，均以开花后40天至蜡熟中期为最大。干物质的重量，以开花后期55天至蜡熟后期至完熟中期为最大，在开花后60天以后过熟期反而降低，而且品质也发生变化。根据青稞成熟过程研究结果，蜡熟后收割风干的籽粒较同期收获的新鲜籽粒干物质重量增加3.3%，完熟期后收割的籽粒较同期收获的新鲜籽粒干物质重量不但未增加，反而降低6.3%，说明蜡熟期收割的籽粒捆束茎秆还能继续进行生物化学过程，而完成后熟作用。但完熟后收获的，不但无后熟作用，籽粒还要进行呼吸作用反而使干物质重量减轻。

第二章　青稞产区生态类型

青藏高原复杂的生态环境，造就了青藏高原青稞产区生态类型多样，共分为 5 个主要生态区：青藏高原高寒旱作 / 非饱灌中早熟青稞区、青藏高原农林混合山地青稞区、青藏高原河谷旱作 / 非饱灌中早熟青稞区、西藏一江两河河谷灌溉晚熟青稞区、柴达木盆地绿洲灌溉中熟青稞区。

一、青藏高原高寒旱作 / 非饱灌中早熟青稞区

本区包括青海海南州高寒黄河台地、海北州、西藏一江两河高寒旱作区等地区。处于青藏高原低纬度高海拔（3 800 米以上）或高纬度中低海拔（3 000~3 300 米）区，年均温较低，为 0.5~2.0℃，降水量 440~580 毫米，降雨集中，春天干旱多发易发。本区温度低，早熟耐寒耐旱丰产类型品种在高寒旱作区表现较好，产量较稳定，籽粒成熟度较好。但由于灌浆期降雨较多，品质不及其他生态区。

二、青藏高原农林混合山地青稞区

此区含两个亚区。Ⅱ-1 青藏高原农林混合山地早熟区，包括四川道孚、甘肃临潭和卓尼等地区，此区处于海拔 3 200~3 600 米，年均温中等（3~6℃），降水量 320~460 毫米，降雨集中，春天干旱多发易发，本区多为河谷林地小块农田，中早熟丰产类型品种有一定优势，品质处于各生态区中等水平；Ⅱ-2 青藏高原农林混合山地中晚熟区，包括四川炉霍等地区，此区处于青藏高原横断山系，海拔 3 200~3 800 米，多为河谷小块农田，海拔虽较高，但由于地处河谷，年均温中等（5~8℃），降水量 350~510 毫米，降雨集中，本区多为河谷林地小

块农田，年均温度较北部的甘南州产区高，中熟到晚熟丰产类型品种有一定优势，品质处于各生态区中等水平。

1. 青藏高原农林混合山地中早熟青稞区

本区处于青藏高原横断山系北部，包括甘肃省甘南州中南部山区、四川省阿坝州及青海省玉树州及周边等地区。海拔3 200~3 600米，由于地处河谷，年均温中等（3~6℃），降水量320~460毫米，降雨集中，春天干旱多发易发。本区多为河谷林地小块农田，中早熟丰产类型品种有一定优势，品质处于各生态区中等水平。

2. 青藏高原农林混合山地晚熟青稞区

本区处于青藏高原横断山系东北部，包括四川省甘孜州雅砻江流域内青稞产区。海拔3 200~3 800米，由于地处河谷，年均温中等（5~8℃），降水量350~510毫米，降雨集中。本区多为河谷林地小块农田，年均温度较北部的甘南州产区高，中熟到晚熟丰产类型品种有一定优势，品质处于各生态区中等水平。

三、青藏高原河谷旱作/非饱灌中早熟青稞区

此区含两个亚区。Ⅲ-1青藏高原河谷非饱灌早熟区，包括青海西宁、共和、甘肃合作等地区，海拔2 600~3 500米，年均温中等（4~9℃），降水量310~470毫米，降雨集中，本区热量条件在青藏高原各青稞产区中较好，大部分地区有灌溉条件，但仅可保证青稞播前和苗期灌溉，喜温丰产型品种适宜该区域，灌浆期降雨适中，品质在各生态区中较突出；Ⅲ-2青藏高原河谷非饱灌中熟区，包括西藏昌都等地区。此区主体处于青藏高原东北部，海拔2 800~3 500米，年均温中等（3~7℃），降水量370~510毫米，降雨较充足，本区以河谷林地小块农田为主，热量条件较好，喜温丰产型品种适宜该区域，品质在各生态区中较突出。

1. 青藏高原河谷旱作早熟青稞区

本区处于青藏高原东北部，包括青海共和盆地、东部农业区高寒山地及其延伸的甘南州西部至西北部草原区。海拔2 600~3 500米，年均温中等（4~9℃），降水量310~470毫米，降雨集中。本区热量条件在青藏高原各青稞产区中较好，大部分地区有灌溉条件，但仅可保证青稞播前和苗期灌溉，喜温丰产型品种适宜该区域，灌浆期降雨适中，品质在各生态区中较突出。

2. 青藏高原河谷旱作/非饱灌中晚熟青稞区

本区主要包括西藏昌都和滇西北地区。海拔2 800~3 500米，年均温中等

（3~7℃），降水量 370~510 毫米，降雨较充足。本区以河谷林地小块农田为主，热量条件较好，喜温丰产型品种适宜该区域，品质在各生态区中较突出。

四、西藏一江两河河谷灌溉晚熟青稞区

包括扎囊、达孜、白朗等，此区处于西藏一江两河河谷地区，海拔 3 500~3 800 米，年均温较高（7~12℃），降水量 310~450 毫米，降雨集中。海拔虽较高，但由于地处低纬度河谷，热量条件高于其他各生态区，灌溉条件好。中熟和晚熟品种产量表现较好，灌浆期降雨适中，品质在各生态区中较突出。

五、柴达木盆地绿洲灌溉中熟青稞区

此区含一个亚区，即柴达木盆地绿洲灌溉农业中熟区，此区处于青海柴达木盆地灌溉宜农区，海拔 2 800~3 200 米，年均温中等（4~8℃），灌溉条件好。中熟和晚熟品种产量表现较好，灌浆期平均温度较低，品质处于各生态区中等水平。

第三章 青藏高原青稞分布及主推品种

第一节 青藏高原青稞栽培历史

青稞是我国的原产农作物之一，是青藏高原最具特色的农作物，是青藏高原极端环境条件下植物适应性进化的典型代表，具有耐旱、耐瘠薄、生育期短、适应性强、产量稳定、易栽培等优异种性。青稞起源于东方栽培大麦，在距今4 500~3 500年，通过巴基斯坦北部、印度和尼泊尔进入西藏南部。在进入西藏后，大麦种群规模出现了持续2 000年的急速下降。距今4 500~2 500年，青稞不断受到自然选择、驯化和栽培，把野生普通大麦培育成了青稞，并成为当地人民的粮食和马的饲料。青稞的栽培历史可追溯到西周以前（公元前1 100年），以六棱大麦为主，主要分布在黄河上游及西北干旱沙漠地区。青稞在我国具有悠久的栽培历史，在距今3 500年新石器时代晚期的西藏昌果沟文化遗址内发现了青稞炭化粒，从而说明在新石器时代晚期，雅鲁藏布江中部流域已经形成了与长江、黄河流域遥相呼应的青稞为主栽作物的农业，在3 000多年的栽培利用过程中，青稞还逐渐演化成为该地区的一种文化象征，尤其对在青藏高原生活的人们来说，青稞已不仅仅是一种食物，更被赋予诸多情感、精神、地域、民族等文化内涵。

青稞是藏区的主导优势作物和藏区农牧民赖以生存的主要食粮，青稞产业是藏区农牧业的主导产业和特色产业。青稞常年播种面积620万亩左右，占藏区耕地面积近1/3，占藏区粮食播种面积的60%左右，年产量114.7万吨。青稞作为藏区最具优势的特种粮食作物，是藏区农业生产首选，甚至唯一可选择的作物，

具有不可替代性，也是该区域藏族群众的基本口粮来源，青稞生产的发展对于藏区粮食安全、维护藏区社会稳定具有重大意义，有"青稞增产、农民增收"的说法。同时，青稞作为藏民族的主要食品和藏族文化的重要载体，对于藏文化的传承具有重要意义。此外，青稞还具有丰富的 β- 葡聚糖、γ- 氨基丁酸、膳食纤维、维生素和对人体有益的微量元素，以及特殊的淀粉特性，在保健品、食品、酿酒等领域具有重要应用前景，极具开发价值。因此，青稞的发展对于促进藏区经济发展意义重大。

第二节　青藏高原青稞分布

一、青稞的主要分布

青稞主要分布于青藏高原区域 5 个省份，包括西藏、青海全部及四川甘孜、阿坝，甘肃甘南，云南迪庆等 20 个自治州（地、市）。本区是世界上大麦属作物分布最多的地区，海拔 1 400~4 750 米，区域总面积 240 万千米 ^{2}，东西长 3 000 千米、南北宽 1 500 千米；属高原气候，年均温 3~4℃，年降水量 300~600 毫米，年均日照 3 000~3 300 小时，总辐射量 6 300~7 100 兆焦 / 米 ^{2}，日温差较大，作物生长季短。大麦品种一般以多棱裸大麦品种为主，也有少数多棱皮大麦和二棱皮裸大麦，绝大多数属春性品种，亦有个别冬性品种。播种期在 3 月中旬至 4 月中下旬，成熟期在 7 月下旬至 9 月上旬，生育期 100~150 天，耕作制度一年一熟。

二、青稞的分布特点

青稞分布地域辽阔，生态条件复杂、生产自成体系。产区的青稞种植比例由外向内逐步加大并随海拔增高而增加。在海拔 4 200 米以上的农田，青稞是唯一种植作物。不同产区因生态、生产条件差异，种植不同类型的品种，藏南河谷、柴达木绿洲等（核心）灌溉农区以种植中晚熟高产类型品种为主，而藏西北、青海环湖、甘南—阿坝、甘孜等高寒、边缘非灌溉农区则以早熟耐寒耐旱的丰产型品种居多，具体品种特征特性就更是五花八门。区域社会经济条件特别是交通状况的限制，使青稞生产长期处于相互分隔的自然状态，自成体系，相互交流既少又难。

全国青稞常年总播种面积 35.29 万 ~35.84 万公顷，产量 98.67 万 ~99.4 万吨，分别为整个粮食作物面积的 43% 和总产的 38%。西藏自治区青稞种植面积 19.74 万 ~21.3 万公顷、总产量 61.2 万 ~63.6 万吨，占整个粮食总播面积的 66.9% 和粮食总产的 64.7% 以上；青海省青稞种植面积 7.47 万 ~8.15 万公顷、产量 21.7 万 ~22.4 万吨，分别占全省粮食总播面积和总产量的 26% 和 22%；甘南藏族自治州及天祝县藏区青稞种植面积 1.87 万 ~1.96 万公顷、产量 4.3 万 ~4.6 万吨，分别占本州县粮食作物面积和总产 33% 和 30%；川西藏区青稞种植面积 3.75 万 ~3.96 万公顷，产量 8.2 万 ~9.0 万吨，分别占粮食作物种植面积的 32% 和总产的 25%；迪庆青稞种植面积 0.68 万 ~1.33 万公顷，产量 1.3 万 ~1.8 万吨，分别占粮食作物种植面积的 13.4% 和总产的 10.2%。青稞在西藏、川西、甘南藏区均为第一大粮食作物，而青海和云南迪庆的青稞酿酒工业已成为支柱产业。

第三节　青藏高原青稞品种类型

一、青稞的分类

青稞按其三联小穗退化的位置分为二棱裸大麦（三联小穗两边小穗退化）、四棱裸大麦（三联小穗中间小穗退化）和六棱裸大麦（三联小穗全部发育）（图 3-1）。我国主要以四棱裸大麦和六棱裸大麦为主，其中青海主要以四棱裸大麦为主，而西藏主要栽培六棱裸大麦，不同棱的裸大麦其性质也略有不同。按青稞春化阶段对温光的要求分春青稞和冬青稞；按青稞的颖壳或种皮的颜色分为紫青稞、白青稞和黑青稞；按青稞芒的有无分有芒青稞和光头青稞。

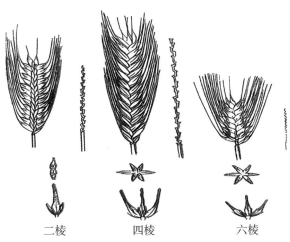

| 二棱 | 四棱 | 六棱 |

图 3-1　不同类型大麦穗型、穗轴及小穗在穗节上的排列方式

（临翁训珠供稿，引自《西藏高原作物栽培学》，王建林主编）

二、青稞主要品种

1. 白六棱

株高 105~110 厘米，茎秆粗壮，穗断面呈六角形，长齿芒，颖壳色浅黄或深黄，小穗排列密或极密，穗圆锥形；长 4 厘米，每穗 32~35 粒，粒形卵圆，色黄、蓝两色，千粒重 38~42 克，裸粒。叶宽中等，叶绿色，幼苗直立或半匍匐。中熟，生育期 105~107 天。倒伏轻，分布在水地、浅山和部分脑山地区。中感条纹病、黑穗病。青稞穗蝇为害轻。

2. 红六棱

株高 105~110 厘米，茎秆较粗，穗断面呈六角形，长齿芒，穗、芒浅黄或紫黑色、红褐色。小穗排列密或极密。穗短而粗，呈圆锥形，穗长 3.5~5.0 米，每穗 37~42 粒，粒色褐色、紫色或黑色。粒形卵圆。千粒重 36~42 克，裸粒。幼苗直立，叶宽中等，叶色绿。中熟，生育期 105~107 天，倒伏较轻，主要分布在水地、半浅半脑山地区和热量较高的脑山地区。中感条纹病、黑穗病，青稞穗蝇为害轻。

3. 白浪散

株高 97~100 厘米，茎秆细弱易倒伏，穗断面呈长方形，长齿芒，颖色浅黄，穗长 6.3~6.5 厘米，小穗着生密度稀，每穗 26~32 粒，籽粒黄白色，粒形椭圆，硬质，千粒重 48~55 克，裸粒。幼苗直立或半匍匐，叶宽大，绿色，不孕小花多，弯穗。早熟品种，生育期 100~102 天，主要分布在高寒山区。轻感条纹病，黑穗病。抗青稞穗蝇，吸浆虫为害重。

4. 蓝青稞

株高 90~100 厘米，茎细易倒，穗断面呈长方形，穗色浅蓝，长齿芒，穗长 5.5~6.5 厘米，小穗排列密度稀，每穗 32~34 粒，粒色蓝、绿两种，硬质。粒形椭圆，千粒重 42~46 克，裸粒。早熟，生育期 100 天。幼苗直或半匍匐，叶大小中等，叶色绿，主要分布在高寒脑山地区。中感条纹病、黑穗病。

5. 黑青稞

株高 90~95 厘米，茎秆细易倒伏，穗断面呈长方形，长齿芒，芒、颖紫色、黑色，穗长 4.0~5.5 厘米，小穗密度稀疏，每穗 28、32 粒，粒色紫、黑两种，粉质或硬质，粒形椭圆形，千粒重 40~44 克，裸粒。特早熟，生育期 95~98 天。幼苗直立或半匍匐，叶片大小中等，叶色绿。抗逆性强，适宜在土壤瘠薄的高寒地区栽培。重感条纹病，中感黑穗病。

6. 藏青稞

株高 110~120 厘米，茎秆粗壮，穗断面呈六角形，三叉钩芒，颖色紫、黄、浅蓝 3 种，穗短而粗大呈棍棒形，穗密度稀、密或极密，穗长 4.5~5.5 厘米。每穗 45~48 粒，多的达 75 粒，粒色黄、蓝、紫 3 种。粒形卵圆，千粒重 42~48 克，粉质，脊沟明显，裸粒。幼苗直立，叶片宽大，叶色绿。迟熟，生育期 115~120 天。主要分布在较暖水地和半浅半脑山地区，种植面积很小。中感条纹病，轻感黑穗病。青稞穗蝇为害重。

7. 密穗六棱白大麦

株高 100 厘米，秆细易倒伏，穗断面呈六角形，颖色黄，长芒有齿，穗排列密或极密，穗长 3.5~5.2 厘米，呈圆锥形。每穗 41~47 粒，粒色黄，粉质。籽粒纺锤形，千粒重 36~40 克，皮大麦。幼苗半匍匐或直立，叶片大小中等，叶色灰绿。中熟，生育期 105 天。主要分布在川水和东部黄土高原区的干旱浅山地区。中感条纹病、黑穗病。

8. 密穗六棱黑大麦

株高 100~105 厘米，秆细易倒，穗断面呈长方形，长齿芒，颖芒黑色，小穗排列密或极密，每穗 30~35 粒，籽粒黑色，粒形纺锤，粉质。千粒重 38~40 克，皮大麦。幼苗直立或半匍匐。叶片大小中等，叶色绿。中熟，生育期 105 天。主要分布在东部黄土高原生态区的干旱山区。中感条纹病。

9. 稀穗六棱白大麦

株高 90 厘米，茎秆细易倒伏，穗断面长方形，颖芒黄色，长齿芒，穗较细长，达 4.3~5.5 厘米，每穗 32~38 粒，小穗排列稀，粒色黄，呈纺锤形，粉质。千粒重 32~36 克，皮大麦。幼苗直立或半匍匐，叶片大小中等，早熟，生育期 98~100 天。主要分布在干旱浅山及半浅半脑山地区。中感条纹病、黑穗病。

10. 稀穗六棱黑大麦

株高 105 厘米，易倒伏，穗断面长方形，长齿芒，芒颖黑色，穗长 6.5~7.0 厘米，每穗 42~44 粒，小穗排列稀，粒黑色，粒纺锤形，粉质。千粒重 34~36 克，皮大麦。幼苗直立，叶片大小中等，叶色绿。特早熟，生育期 95~98 天，主要分布在高寒山区。中感条纹病、黑穗病。

第四节　青藏高原青稞主推品种

1. 藏青 2000

藏青 2000 由西藏自治区农牧科学院农业研究所选育，春性中晚熟，生育期 120~135 天，株高 98~120 厘米，穗长 7.0~8.0 厘米，穗长方形，长齿芒，小穗密度中等。每穗结实 50~55 粒，籽粒黄色，硬质，千粒重 45~48 克。灌浆成熟时穗脖自然弯曲下垂，茎秆金黄、落黄转色自然。较抗倒伏，以免因倒伏而减产；较抗蚜虫，使用农药少，利于品质和农业生态；籽粒较白，利于糌粑和面条等加工等优点。该品种轻感黑穗病等种传病害。经农业农村部谷物品质监督检验检测中心品质分析，该品种粗蛋白含量为 9.69%，粗脂肪 1.96%，粗淀粉 58.79%，氨基酸总量 9.63%，谷氨酸 2.48%、赖氨酸 0.38%。

2. 藏青 3000

藏青 3000 由西藏自治区农牧科学院农业研究所选育，生育期 114 天，株高 106 厘米，穗长 6.1 厘米，千粒重 50.3 克，穗粒数 41.6 粒，成穗数 18.8 万穗/亩。为长芒、四棱、白颖型品种，出苗整齐，茎秆弹性较强，抗倒伏，叶片较狭窄而深绿，产量潜力高，稳产，中晚熟。

3. 藏青 320

藏青 320 由西藏自治区农牧科学院农业研究所选育，是全区各农区主要种植品种和迄今推广面积最大的青稞品种。在拉萨、山南一带生育期 115~120 天；在日喀则、江孜一带生育期 130 天左右，株高 100~110 厘米，株型半松散，幼苗生长健壮，抗寒性能强，单株有效成穗数 1.5 个，群体生长整齐一致，熟相好，穗下垂，穗长 7 厘米，四棱长芒、白粒，小穗密度偏稀，穗粒数 55~60 粒，平均千粒重 55 克，平均亩产 300 千克。该品种粮草兼顾、大穗大粒、耐寒、耐脊、熟相好，适应性广、稳产性好，轻感条纹病。

4. 藏青 13

藏青 13 由西藏自治区农牧科学院农业研究所于 1996 年利用喜马拉雅 19 号为母本，昆仑 164 为父本配置的高产型杂交组合，经过连续多年的穗选、株选等选择方式，于 2004 年稳定出圃。2013 年 12 月 10 日，西藏自治区第十九次农作物品种审定委员会通过审定，定名为"藏青 13"，审定号：藏种审证字第"2013158"

号。该品种为春性中晚熟品种，全生育期为 117~132 天，株高 96.5~115.8 厘米，穗长 7.3~8.1 厘米，属长芒、四棱、黄颖、中稀穗型、幼苗直立、叶色深绿、中晚熟、高产品种，即高秆抗倒伏型品系。该品系穗粒数为 48.4~50.9 个，千粒重为 46.4~47.6 克。成熟后穗脖成水平状，茎秆黄亮，落黄好。该品种抗倒伏能力极强（高产栽培情况下，藏青 320、喜马拉雅 19 号等均已倒伏，但本品种仍然直立不倒），产量潜力较高，分蘖成穗率较强，亩成穗数达到 22 万穗 / 亩左右，特抗黑穗病。经农业农村部谷物品质监督检验检测中心品质分析，该品系粗蛋白含量为 10.32%，粗脂肪 1.87%，粗淀粉 62.17%，灰分 2.11%。

5. 藏青 17

藏青 17 由西藏自治区农牧科学院农业研究所选育，全生育期为 102 天，株高 104.7 厘米，穗长 6.7 厘米，千粒重 45.5 克，穗粒数 42.0 粒，亩成穗数 23.4 万穗。长芒、四棱、白粒、白颖、茎秆弹性较强。属中早熟高（丰）产型春青稞新品种，适宜在海拔 2 700~4 500 米的春青稞种植区域种植。

6. 藏青 25

藏青 25 由西藏自治区农牧科学院农业研究所选育，全生育期 123 天，株高 95.75 厘米，六棱长芒、白粒、白颖。穗粒数 59.3 粒，千粒重 43 克。轻感条纹病和黑穗病，较抗倒伏、喜肥水、落黄好。

7. 喜玛拉 19 号

喜玛拉 19 号由西藏日喀则地区农科所选育，中熟丰产型春性品种，生育期 110 天左右，株高 112 厘米左右，长芒、黄颖、黄粒。平均穗粒数 57.9 粒，平均千粒重 43.2 克，亩产 300~350 千克。该品种抗旱耐肥，较抗倒伏，轻感条纹病和黑穗病。适宜在海拔 3 800~4 200 米中等肥水农田种植，是日喀则等地区近十年的主要推广品种。

8. 喜玛拉 22 号

喜玛拉 22 号由西藏日喀则地区农科所选育，春性，生育期 125~130 天，株高 90~100 厘米，四棱长芒、黄粒。平均穗粒数 53.6 粒，平均千粒重 42.9 克，亩产 300 千克左右，比原生产品种增产 6.7%。该品种耐肥水、抗倒伏、耐旱能力较强，轻感条纹和黑穗病。适宜在海拔 4 100 米以下河谷农区中等肥水条件下种植。

9. 柴青 1 号

柴青 1 号由青海省海西州种子管理站、青海省种子管理站共同选育，株高

（80.12±5.21）厘米，株型紧凑。幼苗直立，叶色绿，叶耳白色。叶姿下垂，旗叶下第一片叶长（17.53±2.45）厘米，叶宽（2.33±0.19）厘米。茎5节，弹性中等，蜡粉无。穗下节长（18.7±2.31）厘米，单株分蘖（2.26±1.74）个，分蘖成穗率37.01%。茎秆粗（0.5±0.02）厘米，穗全抽出，闭颖授粉，穗脖半弯，穗长方形，穗部半弯，穗长（6.72±0.72）厘米，棱形六棱，小穗着生密度疏。每穗粒数（45.12±5.1）粒，穗粒重（2.22±0.38）克，单株粒重（5.02±0.56）克。颖壳黄色，护颖宽。长芒、黄色、有齿。裸粒、黄色、籽粒长圆形、饱满。春性，中熟，生育期（113±2）天，全生育期（133±2）天。耐旱、耐寒、耐湿、耐盐碱性中，抗倒伏性中等，不易落粒。中抗条纹病。

10. 昆仑 14 号

昆仑14号由青海省农林科学院选育，同时通过青海省审定和国家审定，属粮草双高春性品种，中早熟，生育期107~110天；中抗条纹病、云纹病。抗倒伏性强，耐旱性、耐寒性中等，不易落粒；籽粒半角质，蛋白质含量11.08%，淀粉含量54.98%（其中，直链淀粉20.60%，支链淀粉79.40%），β-葡聚糖含量4.16%，赖氨酸含量0.657%；幼苗半匍匐，叶浅绿色，叶姿半直立；株高101.4~104.4厘米，茎秆绿色，弹性好，株型紧凑；穗全抽出，穗茎直立，穗半下垂，六棱稀穗，长方形，小穗着生密度中等，穗长7.2~7.8厘米。长齿芒、黄色；每穗粒数36.4~42.0粒、单株粒重2.2~2.6克，千粒重43.1~46.8克。裸粒，黄色，卵圆形；经济系数0.44~0.46，容重788克/升。

11. 昆仑 15 号

昆仑15号由青海省农林科学院选育，属籽粒高产型春性品种，中早熟，生育期105~111天。中抗条纹病、云纹病；抗倒伏性强，耐旱性、耐寒性中等，不易落粒。籽粒半角质，蛋白质含量9.91%，淀粉含量54.70%（其中，直链淀粉17.52%，支链淀粉82.48%），β-葡聚糖含量5.36%，赖氨酸含量0.404%。幼苗直立，叶绿色，叶姿上挺；株高85.4~92.5厘米，茎秆绿色，弹性好，株型紧凑；长齿芒、黄色；颖壳黄色，外颖脉黄色，护颖窄；穗半抽出，穗茎直立，穗半直立，六棱稀穗，长方形，小穗着生密度中等，穗长7.3~7.7厘米；每穗粒数36.5~41.1粒，单株粒重2.1~2.5克，千粒重42.1~44.7克；裸粒，褐色，卵圆形；经济系数0.48~0.52，容重792克/升。

12. 昆仑 16 号

昆仑16号由青海省农林科学院选育，属粮用、春性、中早熟、半矮秆品种，株型紧凑。穗全抽出，稀六棱，穗茎半直立，穗长方形，颖壳黄色，籽粒椭圆形，浅褐色，半角质；蛋白质 11.60%，淀粉 49.20%，β 葡聚糖 4.71%；中抗条纹病、云纹病；抗倒伏性强，耐旱性、耐寒性中等。第 1 生长周期亩产382.21 千克，比对照柴青 1 号增产 10.65%；第 2 生长周期亩产 435.55 千克，比对照柴青 1 号增产 10.60%。

13. 康青 6 号

康青 6 号由四川省甘孜州农业科学研究所选育，春性中熟，生育期 125~140天，株高 98~105 厘米。幼苗直立，叶色深绿，分蘖力较强，叶耳、茎节和颖脉多为紫色，但较康青 3 号浅。穗四棱，长方形，长芒有齿，三联小穗较稀，护颖窄，乳熟期外颖脉 33 条。穗长 6.6 厘米，穗粒数 38~43 粒，千粒重 44~48 克，籽粒长椭圆形，收获粒色黄，蛋白质含量 12.4% 赖氨酸含量 0.46%，淀粉含量69.5%。耐肥性中上，对条锈病和白粉病免疫，抗条纹病和黄矮病，轻感云纹病和网斑病。

14. 康青 7 号

康青 7 号由四川省甘孜州农业科学研究所选育，春性品种，幼苗半直立，叶色绿，分蘖较强，叶耳无色（抽穗后转紫色）；株型半松散，穗层较整齐，成穗率中等，株高 105~113 厘米，生育期春播 128~148 天。穗长方形，四棱长齿芒，三联小穗稀，护颖窄，乳熟期叶耳、颖脉呈深紫色，颖壳黄色。穗长 6.8 厘米，穗粒数 42~46 粒。千粒重 41~45 克，籽粒长椭圆，籽粒黄褐色。粗蛋白 12.2%，粗淀粉 73.2%，赖氨酸 0.44%。耐湿亦耐旱，耐肥性中等，对条锈病、白粉病高抗，无网斑病，中感赤霉病。

15. 康青 9 号

康青 9 号由四川省甘孜州农业科学研究所选育，春性，全生育期 130 天左右。幼苗半直立，分蘖力中等，苗叶深绿，叶片大小适中，叶耳、茎节白色。株型较松散，株高 80~110 厘米。穗长方形，四棱，长芒，齿芒，裸粒，籽粒黄色、角质、长椭圆形、饱满。小穗密度中等，穗粒数 43~46 粒 / 穗，千粒重 45~47克。2010 年由国家粮食局成都粮油食品饲料质量监督检验测试中心品质测定：平均粗蛋白（干基）含量 14.8%，粗淀粉含量 77.0%，赖氨酸含量 0.52%。经四川省农业科学院植物保护研究所鉴定，高抗条锈病，高抗白粉病，中抗赤霉病。

16. 阿青 6 号

阿青 6 号由阿坝州科学技术研究院农业科学技术研究所选育，全生育期 120

天左右。幼苗直立型，分蘖力强，叶色绿色，叶耳浅绿色，叶片适中，株型紧凑型，剑叶较大，叶舌短，叶缘绿色，株高100~110厘米。穗层整齐，长芒，勾头，四棱，全抽穗，穗脖弯曲，穗长6.6厘米，穗粒数37.5粒。籽粒锥形、黄褐色、蜡质、腹沟浅、饱满，千粒重44克左右。国家粮食局成都粮油食品饲料质量监督检验测试中心测定：粗蛋白含量13.7%，粗脂肪含量2.3%，赖氨酸含量0.48%，粗淀粉含量70.8%，容重731克/升，四川省农业科学院植物保护研究所鉴定，高抗条锈病，中抗白粉病，中感赤霉病，轻感斑点病。

17. 甘青 4 号

甘青4号由甘肃省甘南藏族自治州农业科学研究所选育，春性，生育期105~127天，中熟类型。幼苗直立，苗期生长旺盛，叶绿色。株型半松散，叶耳浅粉色。株高80~90厘米，茎秆坚韧、粗壮，穗不抽出旗叶鞘，穗长相直立，植株生长整齐。穗长方形，四棱，小穗密度稀。长齿芒，窄护颖。穗长5.84~7.31厘米，穗粒数40~44粒，籽粒蓝色，椭圆形，角质，饱满，千粒重43~46克。籽粒水分含量10.86%，粗脂肪含量2.57%，粗蛋白含量11%，粗淀粉含量61.75%，可溶性糖2.12%。轻感条纹病，耐寒，耐旱，成熟后期口紧，落黄好，穗脖坚韧不易断。

18. 甘青 5 号

甘青5号由甘肃省甘南藏族自治州农业科学研究所选育，春性，生育期103~128天。幼苗直立，苗期生长旺盛，叶绿色。株型紧凑，叶耳紫色。株高99.8厘米左右，茎秆坚韧、粗细中等，全抽穗习性，穗脖半弯，植株生长整齐。穗长方形，四棱，小穗密度稀。长齿芒，窄护颖，穗长5.98~7.38厘米，穗粒数41.82~46.28粒，籽粒黄色，椭圆形，角质，饱满，千粒重42.75~46.74克。籽粒粗蛋白含量12.37%，粗淀粉63.19%，粗脂肪1.73%，赖氨酸0.43%，灰分1.87%，可溶性糖2.06%。成熟后期口紧，落黄好，耐寒、耐旱、抗倒伏，中抗条纹病，中感云纹病。

19. 黄青 1 号

黄青1号由甘肃省甘南藏族自治州农业科学研究所选育，春性，生育期102~123天，中熟类型。幼苗直立，株高92.5~105.5厘米。全抽穗习性，穗脖半弯，穗长方形，四棱。长齿芒，窄护颖。籽粒黄色，椭圆形。穗长4.2~6.7厘米，穗粒数38~49粒，千粒重36.5~48.5克。籽粒粗蛋白含量11.33%，粗淀粉含量65.83%，粗脂肪含量1.88%，赖氨酸含量0.38%，灰分含量1.94%。高抗条纹病。

第四章　青稞绿色高效栽培技术 ▽

一、合理轮作

青稞是喜氮、耐连作的作物，青稞忌重茬，一般轮作1~2年。青稞收获的茬口属于老茬。前茬以嫩茬为好。歇地、油菜茬、豆茬、蔬菜茬、薯类作物的茬口等嫩茬作物都是种植青稞的好茬口。每种农作物都有自己伴生的病虫草害，吸收肥料的种类及比例不同，根系分泌物积累抑制下茬青稞的生长。青稞连作加重了青稞田中的病虫草害，只能造成土壤肥力下降。青稞与其他非禾本科作物轮作、青稞与豌豆等豆科作物混种、间作套种，就可以减少青稞田中的病虫草害，充分利用青稞田中的土壤肥力。青海青稞常见的轮作倒茬模式有：海拔1 650~3 700米范围内，由低向高的轮作模式有：蚕豆→青稞→白菜型油菜→冬小麦、马铃薯→青稞—秋菜→蚕豆、甘蓝型油菜→青稞→马铃薯（蚕豆）、蚕豆→青稞→马铃薯（甘蓝型油菜）、马铃薯→青稞→油菜（蚕豆）、白菜型油菜→青稞→白菜型油菜。青稞与豌豆混播、青稞与绿肥间作。

二、种植模式

青稞在青藏高原地区的种植方式为一年一熟制，主要推行的种植模式有与豆科作物间、混作，或产后复种豆科牧草，或在达不到合理轮作条件的区域进行休耕等模式。

三、整地、施肥

整地。青稞根系较小麦根系浅，但耕作层深厚、结构良好、保水保肥能力强、养分充足的土壤，是小麦高产稳产优质的基础。青稞种植区一般海拔高、有机质含量高，土壤颜色深。热量条件差，提高土壤温度、增加土壤速效养分含量，是青稞整地的重要任务。青稞的耕作整地一般包括深耕和播前整地两个环节。深耕可以加深耕作层，增加土壤通气性，提高土壤温度季蓄水保肥能力，协调水、肥、气、热，提高土壤微生物活性，促进土壤养分分解。在一般土壤上，耕地深度为18~20厘米为宜。播前整地可起到平整地表、破除板结、匀墒保墒、深施肥料等作用，是保证播种质量，达到苗全、苗匀、苗齐、苗壮的基础。整地粗放是当前青稞种植区生产上存在的普遍问题，是造成田间出苗率低、影响高产优质的重要因素，应及时改进。秋耕地区，前茬作物收获后及时进行深翻20厘米、灭茬晒垡，熟化土壤，接纳雨水，早春耙耱镇压收墒整地，种前应灌水浅耕。春耕地区当土壤解冻≥10厘米时及时耕地。

施基肥。结合耕地施农家肥22.50~30.00千克/公顷。播前施氮肥47.50千克/公顷、P_2O_5 86.25千克/公顷。秋耕地区耙耱埋肥，或采用分层施肥播种机与播种同时进行。春耕地区随耕随耙以利保墒，或采用分层施肥播种机与播种同时进行。孕穗期视植株长势可进行叶面喷施磷肥，叶面喷洒1~2次。早衰地块加施氮肥，以利后期灌浆并防止青干。

四、播种

1. 播前种子准备

青稞良种应具备高产、稳产、优质、抗逆、适应性强的特点，良种选用应根据当地自然气候、栽培条件、产量水平以及耕作种植制度特点进行，同时做到良种良法配套。播前种子处理应通过机械筛选粒大饱满、整齐一致、无杂质的种子，以保证种子营养充足，出苗整齐，分蘖粗壮，根系发达，苗全苗壮。要针对当地苗期常发病虫害进行药剂拌种，或用含有药剂营养元素的种衣剂包衣。

2. 播种期

青稞春播区属高海拔地区，春季温度回升缓慢，可以通过延长苗期生长，争取大穗夺高产，一般在气温稳定在0~2℃，表土解冻时即可播种。适期早播是青稞增产的关键措施之一。进行"顶凌播种"，就是气温稳定在0℃以上、土壤表层解冻5~7厘米，下层土壤仍旧冻结时及时进行播种。"顶凌播种"苗期处于较低温度，苗期时间延长，利用耕层土壤的冻融交替消解水，根深苗壮，苗全壮苗；生育期延长、有利于形成大穗，利于高产；青海省青稞播种期随海拔由低到高依次进行。播种期从 3 月中下旬到 5 月上旬，柴达木盆地有局部地区播种期在 5 月下旬。

3.播种量

青稞的合理密植包括合理的播种方式、基本苗数、群体结构和最佳的产量结构等，基本苗数是实现合理密植的基础。生产上通常采取"以地定产，以产定穗，以穗定苗，以苗定子"的方法确定实际播种量，即以土壤肥力高低确定产量水平，根据计划产量和品种的穗粒重确定合理穗数，根据穗数和单株成穗数确定基本苗数，再根据基本苗数和品种千粒重、发芽率及田间出苗率等确定播种量。

$$每公顷播种量 = \frac{每公顷计划基本苗数 \times 种子千粒重（g）}{1\,000 \times 1\,000 \times 种子发芽率（\%） \times 田间出面率（\%）}$$

播种量还与实际生产条件、品种特性、播期早晚、栽培体系类型等有密切的关系，一般调整播种量的原则是土壤肥力低时，播种量应低；随着肥力的提高，适当增加播种量；当肥力较高时，则应相对减少播种量。冬性强、营养生长期长、分蘖力强的品种，适当减少播种量：春性强、适当增加播种量；播期推迟应适当增加播种量。

一般单产 1 500~3 000 千克/公顷水平的早熟品种要求基本苗 270 万/公顷以上，成穗数在 300 万/公顷以上，中熟、晚熟品种基本苗 240 万~255 万/公顷，成穗数 270 万/公顷。单产 3 000~4 500 千克/公顷水平的早熟品种基本苗 240 万~270 万/公顷，成穗数 270 万 ~ 330 万/公顷；中熟、晚熟品种基本苗 210 万~240 万/公顷，成穗数 270 万~300 万/公顷。单产 4 500~6 000 千克/公顷水平的中、高秆品种基本苗 240 万/公顷，成穗数 300 万~330 万/公顷；中秆、矮秆基本苗 300 万~330 万/公顷，成穗数 330 万~390万/公顷。单产 6 000 千克/公顷以上型的中矮秆品种基本苗 330万~375万/公顷，成穗数 360 万 ~420 万/公顷。

青稞的产量由单位面积上的有效穗数、每穗粒数和粒重构成。这 3 个产量构成因素间相互联系、相互制约，一般穗数与穗粒数和千粒重呈负相关。穗数是产量因素构成因素的基础，播种量及播种质量、苗期及拔节期的生长情况决定了青稞穗数的多少。在苗期根据苗相进行合理的促控。穗粒数在一定程度上受棱型的限制。每穗的小穗数是由小穗分化数和退化小穗数之差决定的，时期为孕穗期决

定穗粒数的关键时期。此期的环境条件与水肥管理对青稞穗粒数影响最大。籽粒重量取决于籽粒体积大小和胚乳发育程度。其中，体积大小取决于籽粒形成期，而胚乳发育程度则取决于乳熟和蜡熟期。

4. 播种技术

青稞播种较早的地块，可以适当深播，为5~6厘米。播种较晚时，气温上升快，出苗亦快，可适当浅播，为4~5厘米，疏松的土壤以4厘米左右为宜。适时播种时，以3~5厘米为宜，尤以5厘米的出苗率最高。太深或太浅、均不利于出苗。条播较撒播具有出苗较均匀、整齐的特点，但浪费工，亦浪费种子。播前撒施有机肥，精细整地，后利用种肥一体化精量播种机精细播种，使苗多、苗壮、省种、省时。

5. 播种机械

青稞播种环节使用的机械主要有爱科MF3404型大马力拖拉机（人工驾驶）+雷肯24行种、肥分层精量播种机和爱科MF3404型大马力拖拉机（北斗导航终端、自动驾驶）+雷肯24行种、肥分层精量播种机，旱地播种机具有单行镇压功能。

五、除草

1. 除草剂的选择

阔叶杂草防除选用10%苯磺隆可湿性粉剂（10克/亩）+72% 2,4–D丁酯乳油（10克/亩）；禾本科杂草防除选用5%爱秀EC（唑啉草酯）或7.5%优先水分散剂（啶磺草胺）。

2. 除草剂的喷施

在青稞3~5叶期，选风力0~2级的晴天均匀喷雾，手动喷雾器单喷头喷幅为3~4米，每亩单头喷两遍，竖着走一遍，横着走一遍，双喷头走一遍，边走边用脚在地上画线须知记号，机引式大型喷雾器喷幅为12米，可根据拖拉机轮子碾下的痕迹作为参照。

3. 喷施机械

依据种植户选择，使用GPS定位操控植保无人机化控除草和叶面肥喷施机、四轮拖拉机背负式化控除草和叶面肥喷雾机等机械。

六、苗期管理

1. 苗期生长发育特点

青稞苗期是指从出苗到拔节以前的整个时期。这个时期以根系生长、基生叶生长和分蘖和为主，同时幼穗也在分化小穗原基，是决定穗数和奠定穗粒数的重要时期。苗期主攻目标是培育壮苗、促进早分蘖、早扎根，达到蘖足、苗壮、根系发达。

2. 苗期生长异常现象

壮苗的叶片宽厚、长短适中，叶色葱绿，早期分蘖及次生根发生与叶片出生符合同伸关系。一般春播青稞分蘖2~3个。弱苗叶片生长细弱狭小，叶薄色淡，出叶迟缓，根系发育不良，分蘖晚于次生根的发生。旺苗叶片肥阔、披垂，叶色深绿，分蘖过多，封行过早。

3. 苗期自然灾害

青稞苗期易受干旱、低温冻害等自然灾害影响。

4. 苗期病害预防

青稞苗期常见病害为白粉病、条纹病、云纹病等，病害预防方式有选用抗病品种和不带菌的种子，秋收后及时灭茬、除去植株残株、深翻土地、深埋病株和3%敌菱丹悬浮种衣剂（3%苯醚甲环唑悬浮种衣剂）以2毫升/千克种子剂量拌种等方法。

5. 苗期虫害预防

青稞苗期主要病害类型为黏虫，青稞黏虫的防治采取捕捉成虫、采集虫卵、杀灭幼虫相结合的办法，主要预防方法有选择抗病品种、合理密植、营造良好的田间小气候环境、减少害虫产卵场所、降低幼虫存活率；当达到防治要求后，要科学选择药物进行防治，药物可以选择使用2.5%敌百虫粉剂，每亩喷2.0~2.5千克，拌匀后顺垄撒施，防老龄幼虫，或用90%晶体敌百虫1 000~2 000倍液、80%敌敌畏2 000~3 000倍液，或用2.5%溴氰菊酯乳油、20%速灭杀丁乳油1 500~2 000倍液，或用50%辛硫磷乳油1 500倍液、25%氧乐氰乳油2 000倍液喷雾。

6. 苗期"一喷多效"技术

将除草剂和植物生长调节剂混合加水喷雾，能同时实现防治青稞草害和病害的目的。

七、拔节—抽穗期管理

1. 拔节—抽穗期生长发育特点

此期是青稞一生中生长发育最为旺盛的时期，干物质积量约占全生育期的50%。营养生长、生殖生长并进，需肥、需水最多，对肥水反应敏感，是决定穗粒数的重要时期。个体内各器官之间矛盾及群体与个体之间的矛盾非常明显。若水肥不足，则穗小、穗少，产量低；如果肥水过量，群体过大，地上部分生长过旺。容易发生倒伏，引起减产。本阶段主攻目标是在促蘖增穗的基础上，促壮秆、促大穗、防徒长和倒伏。

2. 拔节—抽穗期灌溉、追肥

此期是青稞一生中需水量最大的时期，一般要求保持田间持水量的70%~80%为宜。如果土壤含水量低于田间持水量的60%，则会使后期叶片功能期变短，幼穗发育不良，不孕小穗数增加，应及时灌溉，在灌溉前或雨天，每亩追施尿素2.5千克。

3. 拔节—抽穗期生长异常现象

拔节时叶片发黄过早、叶片窄，应早施、重施肥，施肥量以每公顷尿素75千克、磷酸二铵150千克为宜。此时叶片挺直，大小适中，叶片绿色，旗叶刚好封行、则不需施肥。如果叶片披垂、肥大、叶色浓绿，过早封行，则不仅不能追肥，还应进行拔节后深中耕，或喷矮壮素来予以控制。

4. 拔节—抽穗期自然灾害

青稞分蘖拔节期、抽穗灌浆期，应及时进行节水灌溉或小水浅浇，以减轻干旱及高温逼熟造成的灾害，保障灌浆结实。

5. 拔节—抽穗期病害预防

此期青稞主要病害有锈病、条纹病、黑穗病（坚黑穗病、散黑穗病）、黄矮病和白粉病等，主要预防方法有选择抗病性品种和种子包衣，种子药剂包衣可有效防治坚黑穗病、条纹病、黄矮病等。种子包衣药剂如灭菌唑和戊唑醇，前者具有杀菌范围广、安全等特点，后者具有内吸性及传导活性，可防治附在种子表面上的病菌，也可进入植物内部，杀死作物内部病菌，较好预防叶部病害。

6. 拔节—抽穗期虫害预防

此期青稞害虫主要有蚜虫、红蜘蛛，一般情况下以蚜虫为害最为严重，抽穗前就开始为害叶片和幼茎，对以上两种虫害均可用40%的乐果乳油或

1 000 倍液或 40% 杀灭菊酯 10 毫升兑水 60 千克，或用其他杀虫剂农药选晴天进行喷雾，每隔 7 天喷 1 次，连喷 3~4 次进行预防和防治。

7.拔节期"一喷多效"技术

拔节期可将钾肥、氮肥、矮壮素等混合喷施，达到促壮秆、促大穗、防徒长和倒伏的目的。

八、开花—成熟期管理

1.开花—成熟期生长发育特点

青稞开花后，根、茎、叶的生长基本停止，生长中心转至穗部，是决定粒重的重要时期。上部叶片对粒重贡献率最大。延长上部叶片的功能期，保持同化产物运向穗部，以增加粒重。本阶段主攻目标是养根保叶，防止早衰，延长上部叶片功能期，防旱、涝、病、虫等灾害，达到穗大粒饱。

2.开花—成熟期生长异常现象

青稞青枯、炸芒、逼熟，从而严重影响其产量和品质，同时此时期病害和虫害盛行，致使青稞出现叶片过早发黄和早衰现象。

3.开花—成熟期自然灾害

河谷地区青稞在此时期易受高温干旱少雨天气影响，致使其早衰、减产；高寒区青稞此时易受冰雹灾害，甚至导致其绝收。

4.开花—成熟期病害预防

此时期主要常见病害有黑穗病、云纹病、条纹病和网斑病等，因以上病害主要为真菌病害，故主要预防方法为选用抗病品种和无病品种，实行播前种子消毒、适时早播、实行轮作、秋收后及时灭茬、除去植株残株、深翻土地、深埋病株等方法。播前药剂拌种和土壤消毒处理，用 15% 的粉锈灵或立克锈拌种；每50 千克种子拌 20~30 克 15% 的粉锈灵或立克锈，土壤消毒；采用撒药土进行土壤处理，每亩用沙土 10~15 千克，粉锈灵或立克锈 50~70 克。或播前用石灰水浸种，0.5 千克石灰水加清水 49.5 千克，兑成 1% 的石灰水，每 50 千克石灰水浸种青稞 27.5 千克，浸种过程不搅拌。

5.开花—成熟期虫害预防

此时期青稞常见虫害为黏虫，其会啃食青稞叶片、籽粒以及青稞穗脖，还有可能将青稞的上半部分全部啃食，治疗这类虫害，可采用胃毒剂农药或者触杀剂农药，对 2 龄期幼虫进行最大限度防治。

九、成熟期管理

1. 成熟期特点

成熟前期的青稞茎秆是直立的圆柱体，茎的表面光滑，呈绿色，成熟后期变黄色，也有少数品种茎秆带紫色。茎节维管束密集，彼此交错，形成横隔，实心。茎下部的节间和上部节间大部分被叶鞘包围。青稞成熟后，其穗状花序颜色为黄褐色或紫褐色，小穗长约1厘米，颖线状披针形，先端渐尖呈芒状，两侧有细小的刺毛，颖果成熟时易于脱出浮体。

2. 收获方式与机械

青稞的收获分为两种方式：机械收割和人工收割，该区域以机械收割为主。人工收获在蜡熟末期（即70%以上的植株茎叶变成黄色，籽粒已全部转黄，内部完全呈硬蜡质状，含水量为25%~30%，籽粒具有本品种正常的色泽且变硬）；机械收获在完熟期（即所有的植株茎叶变黄，籽粒变硬）进行收获。收获后及时摊晒，以防雨水过多青稞在田间发芽。及时脱粒、晾晒、入仓，以保证青稞品质。配套的收获机械主要有雷沃谷神GF50联合收割机和约翰迪尔C440联合收割机，人工收获后配备的机械为脱粒机。

3. 收获技术

主要有机械联合收获技术和人工刈割后机械脱粒技术，机械联合收获技术损失率低于5%，人工收获技术损失率低于3%。

4. 收获期自然灾害

河谷地区青稞在此时期易受连续阴雨天气影响，致使其穗发芽或籽粒发黑、发皱，商品性差；高寒区青稞此时易受冰雹灾害，甚至导致颗粒无收。

5. 籽粒贮藏

收获后及时晾晒，避免混杂并分筛去杂，当籽粒含水量降为10%~13%时入库贮藏。

参 考 文 献

傅大雄，阮仁武，戴秀梅，等，2000. 西藏昌果古青稞、古小麦、古粟的研究 [J]. 作物学报（04）：392–398，513–514.

金克，2017. 青稞的"前世今生"——对话西藏自治区农牧科学院院长尼玛扎西 [J]. 中国保健营养，5：34–42.

刘新红，2014. 青稞品质特性评价及加工适宜性研究 [D]. 西宁：青海大学 .

强小林，巴桑玉珍，扎西罗布，2011. 青藏高原区域青稞生产现状调研考察初报 [J]. 西藏农业科技，33（1）：36–38.

强小林，迟德钊，冯继林，2008. 青藏高原区域青稞生产与发展现状 [J]. 西藏科技，3：11–17.

王建林，2012. 西藏高原作物栽培学 [M]. 北京：中国农业出版社 .

吴昆仑，迟德钊，2011. 青海青稞产业发展及技术需求 [J]. 西藏农业科技，33（1）：4–9.

吴昆仑，姚晓华，迟德钊，等，2018. 粮草双高青稞新品种选育及产业化 [J]. 青海科技，1：28–31.

吴昆仑，赵媛，迟德钊，2012. 青稞 *Wx* 基因多态性与直链淀粉含量的关系 [J]. 作物学报，38（1）：71–79.

徐菲，2015. 青稞品质评价及活性成分性质研究 [D]. 西宁：青海大学 .

徐廷文，1975. 从甘孜野生二棱大麦的发现论栽培大麦的起源和种系发生 [J]. 遗传学报，2（02）：129–137.

徐廷文，1982. 中国栽培大麦的起源与进化 [J]. 遗传学报（06）：440–446.

BADR A, SCH R, RABEY H E, et al., 2000. On the origin and domestication history of barley (Hordeum vulgare) [J].Molecular Biology and Evolution, 17(04): 499–510.

CHEN F H, DONG G H, ZHANG D J, et al., 2015. Agriculture facilitated permanent human occupation of the Tibetan Plateau after 3600 B. P [J]. Science, 347(6219): 248–250.

DAI F, NEVO E, WU D, et al., 2012. Tibet is one of the centers of domestication of cultivated barley [J]. Proceedings of the National Academy of Sciences, 109(42): 16969–16973.

MOHAMMAD P, GOETZ H, BENJAMIN K, et al., 2015. Evolution of the Grain Dispersal System in Barley [J]. Cell, 162(03): 527–539.

MORRELL P L, CLEGG M T, 2007. Genetic evidence for a second domestication of barley (Hordeum vulgare) east of the Fertile Crescent [J]. Proceedings of the National Academy of Sciences of the United States of America, 104(09): 3289–3294.

REN X F, NEVO E, SUN D, et al., 2013. Tibet as a potential domestication center of cultivated barley of China [J]. PLoS One, 8(05): e62700.

ZENG X, GUO Y, XU Q, et al., 2018. Origin and evolution of qingke barley in Tibet [J]. Nature Communications, 9(01): 5433.